生命是什么

WHAT IS LIFE

诺贝尔奖得主
大科学家系列

[奥]埃尔温·薛定谔 / 著　　王婷 / 译

北方文艺出版社

图书在版编目（CIP）数据

生命是什么 /（奥）埃尔温·薛定谔著；王婷译 .
哈尔滨：北方文艺出版社，2024. 8. -- ISBN 978-7
-5317-6237-9

Ⅰ . Q1-0

中国国家版本馆 CIP 数据核字第 2024A2L002 号

生命是什么
SHENGMING SHI SHENME

作　　者：[奥]埃尔温·薛定谔
译　　者：王　婷
责任编辑：邢　也
策划编辑：王钰博

出版发行：北方文艺出版社
邮　　编：150008
发行电话：（0451）86825533
经　　销：新华书店
地　　址：哈尔滨市南岗区宣庆小区 1 号楼
网　　址：www.bfwy.com

印　　刷：三河市冠宏印刷装订有限公司
开　　本：880mm×1230mm 1/32
字　　数：149 千字
印　　张：7
版　　次：2024 年 8 月第 1 版
印　　次：2024 年 8 月第 1 次印刷
书　　号：ISBN　978-7-5317-6237-9
定　　价：59.00 元

目　录

第一部分　生命是什么

第二部分 意识与物质

序　言

20 世纪 50 年代，我还是个年轻的数学专业的学生，看的书没那么多，但的确看过几本而且也都看完了，其中大多数都出自埃尔温·薛定谔之手。我觉得他的作品尤其引人入胜，能让读者真正获得一些对自身所处神秘世界的全新理解。他的作品中最具特色的就是短篇经典《生命是什么？》。在我看来，这本书必定是 20 世纪最具影响力的科普力作之一。它是这位物理学家对理解生命真正的奥义做出的有力尝试，其深刻见解十分有助于改变我们对世界构成方式的理解。在当时，这本书的跨学科、跨领域的特色非同凡响，但行文却（亲和流畅）异常讨喜，或者说并不晦涩，不会让人感到傲慢，即便是非专业人士和那些渴望成为科学家的年轻人也都能看得懂。确实，已经有不少科学家（比如，J.B.S. 霍尔丹[1]和弗朗西斯·克里克[2]）[3]在生物学方面做出了重大贡献，而且他们也承认这位极具原创性和思考深度的物理学家

---

[1] 译者注：约翰·伯登·桑德森·霍尔丹（1892—1964），出生于英国牛津，印度生理学家，生物化学家，群体遗传学家。

[2] 译者注：弗朗西斯·哈里·康普顿·克里克（1916—2004），英国生物学家，物理学家及神经科学家。脱氧核糖核酸（DNA）的双螺旋结构共同发现人之一。

[3] 本书注释如无特别说明，均为原作者注。——编者注

在书里所提出的各种思想对他们影响颇深（尽管不一定完全同意书中的看法）。

就像其他的许多对人类思想产生重大影响的作品一样，一旦人们能理解这本书提出的观点，就会领悟几乎不言自明的真理；但同时，这些观点仍然被很大一部分本应该对此更了解的人盲目忽视掉。我们是否经常能听到关于量子效应与生物学研究无关紧要的说法？甚至是听到吃东西是为了获取能量这种观点？正因为存在异议，所以我们有必要强调薛定谔的《生命是什么？》跟当下依旧有联系。这本书历久弥新，值得反复阅读！

罗杰·彭罗斯

1991 年 8 月 8 日

前　言

　　人们认为，科学家应该掌握某一学科领域内的完整、透彻的全部知识，因此大众通常不会期望科学家就他们不擅长的课题做深入研究。这被视作位高则任重。然而为了写这本书，我宁可放下任何尊贵者的荣誉——如果有的话，从而避免承担随之而来的责任。理由如下：

　　人类向来就对统一、无所不包的普遍性知识不懈求索。我们将求知的最高学府命名为大学，这个名字时刻提醒我们，自古以来，横跨几个世纪，唯一值得相信的就是普适性（universal）本身。过去一百多年里，虽然各种学科知识不断在深度和广度上发展，却让我们陷入了一个进退两难的尴尬境地。我们强烈地感受到，一方面，人们正在开始获得可靠的信息和资料，以便将已有的知识综合汇总贯通成一个有机整体；另一方面，即便对某一学科领域的专业知识，想要完全掌握它，仅靠一个人的智慧几乎是不可能的。除非我们当中一些人能冒着出丑的风险，在面临二手信息甚至是不完备知识片段的情况下，大胆尝试总结那些实践与理论的综合研究。但除此之外我找不到其他方法能让我们摆脱困境（不然我们永远无法实现真正的目标），我只能在此致歉了。

　　语言的障碍不容小觑。母语就像是一件合体的衣服，一旦人们要把母语替换成别的语言，就会感到非常不自在。为此，我要感谢英克斯特博士（都柏林三一学院）、帕德里克·布朗博士（梅努斯圣帕特里克学院）以及 S.C. 罗伯茨先生。他们在为我"穿上新衣服"时碰上了大麻烦，而且由于我偶尔会执意不放弃自己的一些"原创"风格，也会让他们处理起来更为棘手。要是因为这些朋友有所节制而有幸让我的部分独创风格保留了下来，那一定是我的问题，而不是他们的疏忽。

　　各部分的标题原本是要在页边空白处作为概要的，所以每一章节的正文内容都是连贯的。

埃尔温·薛定谔，都柏林

1944 年 9 月

第一部分

生命是什么

第一章
经典物理学家对该课题的研究方法

我思故我在。

——笛卡尔

1. 研究的一般性质与目的

本书源于一位理论物理学家对大约 400 名听众所做的一系列公开讲座。这位物理学家一开始就提醒说，就算讲座上几乎用不到复杂的数学演绎这一撒手锏，讲座的主题仍然晦涩难懂，而且不可能用非常通俗的语言表达，但听众数量并未大幅下降。并不是说这个课题很简单，不用数学就可以解释，而是因为它太过庞杂，无法完全只借助数学来理解。尽管如此，还有另外一个特点至少增加了这个讲座表面上受欢迎的程度，讲演者其实打算向物理学家和生物学家阐明游移在生物学和物理学之间的基本理念。

尽管本书涵盖的主题多种多样，但其独创性在于我只打算把一个基本问题阐释清楚——传递一个观念，对宏大、重要的问题只做出一些小的评论。为了更加明确我们的方向，极有必要提前简要阐述本书的计划概要。

这个宏大、重要且引发热议的问题是：

发生在时空界限中的诸多生命事件，如何用物理学和化学的原理来解释？

本书将努力阐明和确立的初步结论概括如下：

当今的物理学和化学显然无法解释这些事件，但并不能就此怀疑它们未来也无法对此做出科学解释。

2. 统计物理学结构上的根本差别

如果前述回答只是为了激起大家新的希望，把过去未实现的目标寄托给未来去实现，那这回答就显得过于微不足道。实际意义要积极得多，亦即，充分解释了物理学和化学目前为止在这方面的无能为力。

在近三四十年来，由于生物学家（主要是遗传学家）开创性的工作，我们不仅能充分知晓生物的实际物质结构和功能，还能借此说明现代物理学和化学根本不可能解释生物体在时空中发生的事件，并指出确切的原因。

有机体最关键部分的原子排列及其相互作用方式与物理学家和化学家在实验中研究的原子排列方式有着根本的不同。我刚才所说的根本性差异其实相当大，但除了完全认识到物理学和化学定律自始至终都是统计学的物理学家之外，其他人可能很容易认为这差异无足轻重[1]。因为就统计学观点而言，生物重要部分的结构完全有别于物理学家和化学家在实验室里处理或在办公室里构想的所有物质的结构[2]。他们发现的定律和规律是基于特定物质结构的，几乎无法想象这些定律和规律还能恰好直接应用于物质结构截然不同的生物系统的行为。

我们完全不指望非物理学家能掌握刚刚我用非常抽象的术语所描述的"统计学结构"的差异，更不用说理解其重大意义了。为了让文字叙述看起来更形象生动，我先把稍后要详细解释的内容放在这儿，

[1] 这一论点可能太过笼统。本书结尾会做进一步讨论，详见第七章第七、八节。

[2] F.G.唐南的两篇论文强调了这一观点，让人深受启发，详见：《科学》，XXIV, no. 78 (1918), 10（物理化学科学是否充分描述了生物现象？）；《1929年史密森尼报告》，第309页（生命的奥秘）。

即活性细胞最重要的部分（染色体纤维）可以被称为非周期性晶体。物理学迄今只研究过周期性晶体。在一个普通的物理学家看来，这些都是非常有趣和复杂的对象，它们构成了无生命的自然中最迷人和最复杂的物质结构之一，让他理不出头绪来。与非周期性晶体相比，物理学家研究的对象显得平淡无奇。两者在结构上的差异与普通墙纸和刺绣杰作间的差异没什么不同，在普通墙纸中，相同的图案以规律性的周期反复出现；而刺绣中的杰作（比如拉斐尔挂毯）则完全不会单调地重复，有的只是大师级精致、连贯、有深意的设计。

我指的是物理学家本人将周期性晶体称为最复杂的研究对象之一。其实有机化学在研究越来越复杂的分子时，已经非常接近于我认为是生命物质载体的"非周期性晶体"了。所以，有机化学家已经对生命问题做出了卓越而重要的贡献，而物理学家则贡献甚微。

3. 朴素物理学家的课题研究方法

在极为简要地指出我们的总体思路（或者更确切地说是最终范围）之后，让我描述一下研究手段。

我想首先阐述一下你可能会提到的"关于有机体的朴素物理学观点"，亦即，在学习了物理学尤其是统计学基础之后，可能出现在物理学家头脑中的想法。这样的物理学家会开始思考有机体的表现和运转方式，并认真自省，从他所学的知识来看，从他相对简单、清晰和谦逊的科学角度来看，他是否可以对解决该问题做出一些贡献。

事实证明他可以。下一步需要将他的理论预期与生物学实践进行比较。然后会发现，尽管他的想法大致合理，但他的预期需要进行相当大的修正。这样，我们就会逐渐接近正确的观点——或者，更谨慎地说，逐渐接近我提议的正确观点。

即便我应该是对的，我也不确定该方法是否是最准确、最直截了当的。但总之，这就是我的方法。"朴素物理学家"就是我自己。为了达成目标，除了我自己那条弯弯绕绕的路，我找不到其他更好的、更清晰的途径了。

4. 为什么原子这么小？

先从奇怪、几近荒诞的问题开始来解释"关于有机体的朴素物理学观点"是一个好法子：为什么原子这么小？首先，原子确实非常小。日常生活中随处可见的每一个小物质都包含大量原子。虽然我设计了许多例子来让读者熟悉这个事实，但没有比开尔文勋爵[1]用的那个方法更令人印象深刻：假设你可以标记一杯水中的分子，接着将杯里的水倒进海洋里，充分搅拌海水，使标记的分子均匀分布在七大洋[2]中，如果你从海洋的任意一处取一杯水，你会在其中找到大约 100 个标记过的分子[3]。

---

[1] 译者注：开尔文勋爵，即，威廉·汤姆森，为英国的数学物理学家、工程师，被称为现代热力学之父。

[2] 译者注：七大洋指北太平洋、南太平洋、北大西洋、南大西洋、印度洋、北冰洋、南极海。

[3] 当然，你不可能真的刚刚好找到 100 个被标记的分子（即便这是精确计算的结果）。你可能会找到 88 个，95 个，107 个，或者 112 个，但不太可能只有 50 个或多达 150 个。"偏差"或"波动"预计为 100 的平方根，即 10 个。统计学家表示，你会发现 100±10 个。你可以暂时忽略这句话，但稍后会提到一个统计学定律的例子。

原子 ① 的实际大小约为黄光波长的 $\frac{1}{5000}$ 到 $\frac{1}{2000}$ 之间。这种比较很重要，因为波长基本可以代表在显微镜下可辨别的最小晶粒的大小。由此可见，这样的晶粒仍然包含数十亿计的原子。

现在回到问题本身，为什么原子这么小？

显然，这个问题并不是重点。因为它并不是真的只针对原子的大小，它与有机体的大小有关，尤其是与我们自身的大小有关。跟我们提到的长度单位（比如码，或米）相比，原子的确很小。在原子物理学中，人们习惯使用埃（Ångström，缩写为 Å）这个单位，它是一米的 10^{-10}，或用十进制表示为 0.0000000001 米。原子直径在 1 埃到 2 埃之间。那些长度单位（相比而言原子非常小）与我们身体的大小密切相关。码这个单位可以追溯到一个英国国王的幽默故事，他的大臣问他应该采用什么单位，他伸出手臂说："取我胸口到指尖的距离，就可以了。"无论真假，这个故事对我们来说都很重要。国王自然而然会指出一个与他身体相当的长度，因为他知道用其他任何东西做参照都会很不方便。虽然物理学家偏爱埃这个单位，但他更愿意被告知，他的新西装需要 6 码半的粗花呢，而不是 650 亿埃的粗花呢。

这也就明确了，我们的问题实际上是针对身体和原子的长度之间的比率，而且原子的独立存在具有无可争议的优先级。问题的真正的含义是：与原子相比，为什么我们的身体必须得这么大？

我可以想象到，许多热衷于物理学或化学的学生可能会感到遗憾，

---

① 按当今观点来看，原子没有尖锐的边缘，所以原子的"大小"并不是一个很明确的概念。但我们可以通过原子在固体或液体中的中心之间的距离来确定（或者，如果你乐意的话也可以替换介质）——当然不能选择气体，因为正常压力和温度下，气体中原子之间的距离大约为固体和液体的十倍。

因为人体的每个感觉器官算是构成身体的重要组成部分，（鉴于上述比例的大小）其本身就由无数个原子组成，但这些感觉器官却不够敏锐，不会受单个原子的影响。我们看不见、感觉不到、也听不到单个原子。我们对于它们的假设与我们迟钝的感觉器官的直观感受大相径庭，而且无法通过直接观察进行检验。

一定就是前面说的这样吗？有什么内在的原因吗？为了确定并理解为何我们的感觉器官与自然定律不符，能否将这种现象追溯到某种基本原理呢？

现在，物理学家能够彻底解决这个问题，前面提到的所有问题的回答都是肯定的。

5. 有机体的运行需要精确的物理定律

如果不是这样，如果我们是异常敏感的有机体，能够感知身体里单个原子哪怕是几个原子的撞击，天晓得会让生活变成什么样子！强调一点：这种有机体肯定无法发展出有序的思维，因为经历了漫长的早期阶段后，这种思维最终会在一众设想中形成原子的概念。

虽然我们只探讨感觉器官，但以下分析基本上也适用于大脑和感觉系统以外的其他器官的功能。我们对自身最感兴趣的其实是：感觉、思维和知觉。如果不从纯粹的生物学角度而从人类的角度来看，在思维和感觉的生理过程中，所有其他器官都只起着辅助作用。此外，这有助于我们选择研究与主观事件密切相关的过程，即便我们可能并不知道这种相似性本质为何。在我看来，它的确超出了自然科学的范畴，甚至很可能完全超出了人类的认知范畴。

于是我们面临以下问题：为什么像附属着感觉系统的大脑这样的器官，必须由大量的原子组成，以便它的物理状态变化可以与高度发达的思维保持密切对应？基于什么理由，大脑或其与环境直接交互的某些末梢部分要执行高度精巧的思维活动，就完全无法成为足够精细敏感，能响应和记录外部单个原子撞击的机器？

原因在于，我们所说的思维：（1）本身就是一个有序的事物；（2）只适用于有一定秩序的材料，比如知觉或经验。这带来两个后果。首先，一个与思维密切对应的物理组织（就像我的大脑之于我的思维一样）必定是一个非常有序的组织，这意味着其内部发生的事件必须遵循严格的物理定律，至少要有相当高的精确度；其次，其他物体从外部对这个组织良好的系统产生的物理作用，显然对应于思维的知觉和经验，从而形成了我所说的思维材料。因此，我们的身体系统与其他系统之间的物理交互通常具有一定程度的物理有序性，也就是说，它们也需要遵守严格的物理规律，达到一定的精确度。

6. 物理定律依赖于原子统计学，因此只是一种近似

但对于只由中等数量原子构成，能敏锐感受到单个或几个原子撞击的生物体来说，为什么这一切都不能实现呢？

因为我们知道所有原子一直处于一种完全无序的热运动中，可以说，这种热运动与它们的有序行为相对立，不会允许少数原子之间发生的事件自成一体，这也没有遵守任何定律。只有在巨量原子的相互

作用下，统计学定律才能开始发挥作用并控制原子组合体的行为，其精确度随着原子数量的增加而增加。正因如此，我们看到的事件才具有真正有序的特征。生物体生命中已知起重要作用的所有物理学和化学定律都属于这类统计学定律；人们能想到的任何其他形式的合规律性和有序性，都会被原子持续不断的热运动持续干扰，并使之失效。

7. 原子数量决定了精确度。第一个例子（顺磁性）

让我试着用几个例子来说明这一点，这些例子是从成千上万个例子中随机挑选出来的，可能并非最适合用来启发初次学习这种情况的读者——在现代物理学和化学中，这一情况相当基础，就跟生物学中有机体由细胞组成，天文学中的牛顿定律，甚至是数学中的整数序列1，2，3，4，5……一样。初学者不应该期望读了接下来的几页就能全面了解和掌握这一课题，该课题与路德维希·玻尔兹曼[1]和威拉德·吉布斯[2]这些杰出的名字联系在一起，并在教科书中被称为"统计热力学"。

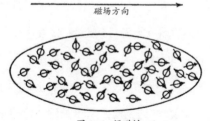

图 1-1　顺磁性

---

① 译者注：路德维希·爱德华·玻尔兹曼（1844—1906），奥地利物理学家、哲学家，热力学和统计物理学的奠基人之一。
② 译者注：乔赛亚·威拉德·吉布斯（1839—1903），美国物理化学家、数学物理学家。

　　如果你用氧气填充椭圆形石英管并将其放入磁场中，你会发现气体被磁化了①。磁化是因为氧分子是小磁铁，就像指南针一样倾向于平行于磁场。但你千万不要认为它们全都与磁场平行。如果你将磁场强度加倍，氧气中的磁化强度就会相应加倍，磁化强度随着磁场强度的增加而增加，速率相同，这种比例关系会持续到极高的磁场强度。

　　这是一个特别清晰的纯统计学定律的例子。因为热运动方向随机，磁场对氧气分子产生的排列作用会不断被热运动抵消。这种互相抵消的效果其实只是偶极轴和磁场方向的夹角会微微倾向于锐角而非钝角。尽管单个原子在不断改变自身方向，但大多数原子（由于数量巨大）会在偏向磁场的方向上产生一个恒定的运动趋势，其趋势与磁场强度成比例。这个巧妙的解释归功于法国物理学家保罗·朗之万。可以通过以下方式进行检验。如果观察到的弱磁化的确是两种相反作用的综合结果，亦即，磁场旨在使所有分子平行于磁场方向排列，而热运动则促使分子随机运动，那么应该可以通过减弱热运动来增加磁化程度，也就是说，采用降低温度而非加强磁场强度的手段提升磁化程度。实验结果证实了这一点，实验给出的磁化程度与绝对温度负相关，与理论（居里定律）一致。现代设备甚至让我们能够通过降低温度，将热运动降低到极其微弱的程度，来强化磁场的磁化程度，即使不能彻底磁化也至少足以产生相当大一部分的"完全磁化"。在这种情况下，我们不再认为磁场强度加倍会使磁化程度加倍，而是随着磁场强度的增加，磁化程度提高的幅度越来越小，直到接近"饱和"。这一预期也得到了实验的量化验证。

———————————

① 选择气体是因为它比固体或液体简单，气体的磁化强度极弱，但并不影响对理论的考量。

请注意，这种行为完全基于大量的分子，它们在产生可观测的磁化现象时相互作用。否则，磁化效果就根本不会是持续的，而是通过无时无刻不规则波动见证热运动和磁场作用之间此消彼长的关系。

8. 第二个例子（布朗运动，扩散）

如果你用微小液滴组成的雾填充一个密闭玻璃容器的下部，你会发现雾的上边界逐渐下沉，其速度取决于空气黏度以及液滴的大小和受到的引力。但是，如果你在显微镜下观察其中一个液滴，你会发现它并不会以恒定的速度下沉，而是进行非常不规则的运动，即所谓的布朗运动，只能说从总体上来看，它在稳定地下沉。

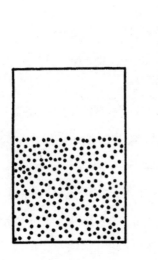

图 1-2 下沉的雾   图 1-3 单个液滴的布朗运动

这些液滴不是原子，但足够小、足够轻，面对不断撞击液滴表面的单个分子，也会为之所动。于是，液滴被分子撞来撞去，一般就只能随着重力的影响往下沉降。

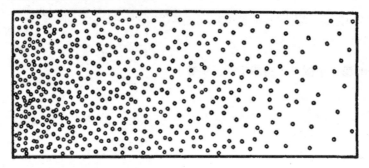

图 1-4 液滴在浓度不均匀的溶液中从左向右扩散

这个例子表明，如果我们的感官可以只受到几个分子的影响，那我们应该能得到非常混乱而有趣的体验。有些细菌和其他有机体非常小，它们就会受到这种现象的强烈影响。它们的运动由周围介质的热运动决定，别无选择。如果它们有自己的运动能力，或许会成功地从一处移动到另一处，但因为它们像汹涌大海中的小船一样被热运动抛来抛去，所以这会存在很大的困难。

一种与布朗运动十分类似的现象是扩散现象。想象一个容器装满液体，比如水，里面溶解少量有色物质，比如高锰酸钾，但浓度不均匀，如图 1-4 所示，小点表示溶解物质（高锰酸钾）的分子，浓度从左向右递减。如果你静置这个系统不管，就会产生一个非常缓慢的"扩散"过程，高锰酸钾沿着从左到右的方向扩散，亦即，从浓度较高的地方向浓度较低的地方扩散，直到它在水中均匀分布。

这个相当简单又明显乏味的过程值得关注的一点是，跟人们想的不同，绝不是任何趋势或力量驱使高锰酸钾分子从浓度高的区域转移到浓度低的区域，就像一个国家的人口迁移到那些更为辽阔的地域一样，但事实并非如此。所有的单个高锰酸钾分子的行为都完全独立于其他分子，它们很少碰到一起。无论是在密集区域还是在空旷区域，每个高锰酸钾分子都会持续受到水分子的撞击，从而朝着不可预测的方向逐渐前进——有时朝着高浓度的方向，有时朝着低浓度的方向，有时是弯弯绕绕的方向。它所做的那种运动经常被比作一个蒙着眼睛的人在相当开阔的地面上移动，他充满了某种"行走"的欲望，但他没有任何特定方向的偏好，因而会不断改变路线。

　　尽管所有高锰酸钾分子都在进行随机游动，但整体上仍会产生朝着低浓度方向的规律流动，并最终实现均匀分布，这乍一看令人困惑，但过后就明白了。图1-4中，如果你设想其是由浓度近似恒定的薄片组成的，那么在给定时刻特定薄片中的高锰酸钾分子随机运动时，确实会以相同的概率被带到右边或左边。但正是由于这一点，更多来自左侧的分子会穿过分隔两个相邻薄片的平面，而非右侧的分子向左穿越，因为参与随机游动的分子左侧要比右侧多。这样一来，整体的状态就会表现为从左到右的规律流动，直到达到均匀分布。

　　如果将这些思维推导用数学语言来表述，那么确切的扩散定律的偏微分形成的方程为：

$$\frac{\partial \rho}{\partial t} = D \nabla^2 \rho$$

　　尽管这个公式的含义用普通语言解释起来很简单[1]，但我并不想过多解释来折磨读者。我之所以在这里提到严格的"数学精确"定律，

----

[1] 亦即，任一给定点，浓度增加（或减少）的时间速率与其在无限小的区域内浓度的相对增加（或减少）成正比。顺便提一句，热传导定律的形式完全相同，但要用"温度"替换"浓度"。

是为了强调它的物理精确性在每个特定的应用中都会受到考验。基于
纯粹的偶然性，物理精确性只是近似的。通常，如果它是一个非常准
确的近似值，那只是因为在这个现象中有大量分子的相互作用。我们
要清楚，分子数量越小，随机偏差就越大——而且在合适的条件下可
以观察到。

9. 第三个例子（测量精度的极限）

我们接下来给出的最后一个例子跟第二个例子非常相似，但有
其独特的重要性。物理学家经常用一根细长的丝线悬挂一个轻质物
体，并使其保持平衡，然后施加电场力、磁场力或引力，使物体绕
垂直轴扭转，从而测量使其偏离平衡位置的微弱的力。（当然，需
要为特定目的选取适当的轻质物体）继续努力提高这种极为常用的
"扭转天平"装置的精度，就会到达一个本身非常有趣又奇特的极限。
随着物体越来越轻，丝线越来越细长——为了使天平更容易感受到
越来越弱的力，当悬挂的物体明显易受周围分子热运动的影响，并
开始围绕其平衡位置像第二个例子中液滴的颤动一样持续不规则"舞
动"时，精度极限便出现了。虽然这种现象对天平测量的精度没有
绝对限制，但它给实际操作带来了一个"极限"。热运动的不可控
效应与待测力的效应相对抗，使得我们观察到的测量偏差不再有意
义。为了消除布朗运动对仪器的影响，就需要增加观测次数。我认为，
这个例子在我们目前的研究中特别具有启发性。毕竟，我们的感官
就是一种仪器，如果它们变得过于敏感，就会变得相当无用。

10. $\sqrt{n}$定律

例子就先列举到这儿。我只想再补充一点，在有机体内部或与外部环境的相互作用中，所有物理学或化学定律都可以拿来举例。详细的解释可能会更复杂，但重点总是相同的，因此描述起来会枯燥。

但我想补充关于所有物理定律不精确程度的一个非常重要的定量说明，即$\sqrt{n}$定律。我会先用一个简单的例子阐述，然后再对其进行一般化说明。

如果我告诉你，特定气体在一定压强和温度下有一定的密度，如果我还告诉你说，在前述条件下，在一定体积（与某些实验相关的体积）内，恰好有 n 个气体分子，那么可以肯定，如果你能在某个特定的时刻检验我的说法，你会发现其实我说的并不准确，偏差的量级为$\sqrt{n}$。那么，若 n 的数目为 100，你会发现偏差约为 10，因此相对误差为 10%。但若 n 是 100 万，你则会发现偏差约为 1,000，因此相对误差为 0.1%。粗略地说，这个统计学定律是相当普遍的。物理学和物理化学定律会存在不准确，可能的相对误差范围为 $1/\sqrt{n}$，其中 n 是作用产生该定律的分子数——出于某些考量或某些特定实验，限于相关的空间或时间（或两者兼有）条件下有效。

你会再次看到，一个有机体必须具备相对宏观的结构，才能从其内部生命活动和与外部世界的相互作用中享受到相当精确的定律带来的好处。否则，参与作用的粒子数量就会太少，"定律"的精确度就太低了。对定律准确性影响最明显的就是平方根。因为尽管 100 万是个相当大的数字，但对于一条"自然定律"来说，千分之一的误差不容小觑。

第二章

遗传机制

存在是永恒的；

因为有许多法则保护了生命的宝藏；

而宇宙从这些宝藏中汲取了美。

——歌德

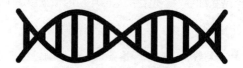

1. 经典物理学家观点不仅是老生常谈，而且是错误的

我们可以得出结论，有机体及其经历的所有生物学相关过程需具备庞大的"多原子"的结构，从而防止偶然的"单原子"事件变得过分重要。"朴素物理学家"告诉我们，这一点至关重要，因此可以说，有机体遵循足够精确的物理定律来建立相当规律而有序的功能。从生物学角度讲，这些经验（即从纯物理学的观点）得出的结论与实际的生物学事实一致吗？

乍一看，人们会认为这些结论无关紧要。三十年前的生物学家可能也这么认为。尽管受欢迎的讲演者强调统计物理学在有机体和其他领域的重要性相当合理，但这一点其实是老生常谈。因为很自然，所有高等动物成年个体的身体，以及构成身体的每一个细胞都包含"天文数字"数量的各种单原子。我们观察到的每一个特定的生理学过程，无论是在细胞内还是在细胞与环境的相互作用中，似乎（可能三十年前就知道）都涉及巨量的单原子和单原子过程，因此即便统计物理学对"大数"提出了严格要求，生物学过程遵守的所有相关的物理学和物理化学定律也会是有效的，我刚才已经用 $\sqrt{n}$ 定律阐明了这个要求。

如今，我们知道这个观点其实不对。我们将会看到，生物体内非常小的原子团，因为实在太小了所以无法表现出精确的统计学规律，但的确在生物体内极为有序、合乎定律的事件中发挥着主导作用。它

们控制着生物体在发育过程中获得的可观察到的大规模性状，决定了其功能的重要特征。这一切都展示了十分清晰、严密的生物学规律。

首先，我有必要简单总结一下生物学，尤其是遗传学方面的情况——换句话说，我得概括一门我并不擅长的学科的知识现状。虽然无济于事，但我还是想先为我浅薄的结论致歉，尤其是向所有生物学家致歉。另一方面，请允许我多少有点儿教条式地把流行的观点摆在你们面前。你不能指望一个差劲的理论物理学家对实验证据进行有力的调查，包括大量长期而出色的、互相补充完善的一系列育种实验，这些实验一方面具备真正前所未有的独创性，另一方面其实也借助了精密的现代显微镜技术，来对活细胞进行直接观察。

2. 遗传密码脚本（染色体）

让我在生物学家称之为"四维模式"的意义上使用有机体的"模式"一词，不仅指该有机体在成年或任何其他特定阶段的结构和功能，还指当有机体开始自我复制时，其从受精卵到成熟阶段的整个个体发育过程。我们知道受精卵的细胞结构决定了整个四维模式。此外，我们还知道，它本质上是由该细胞的一小部分（即细胞核）的结构决定的。在细胞"静息状态"下，细胞核通常以网状染色质①的结构形态分布在细胞内。但在至关重要的细胞分裂过程（有丝分裂和减数分裂，见下文）中，它由一组微粒组成，通常为纤维状或棒状，被

---

① 这个词的意思是"呈现颜色的物质"，用以描述细胞核中能被染料染色的物质，染色是为了方便显微镜的观察。

称为染色体，染色体数量为8条或12条，人类的染色体数量为46条[①]。但我的确应该把这些数字写成2×4，2×6和2×23，用生物学家惯常的意思来表达，分成两个染色体组。因为，虽然有时通过形状和大小可以清晰区分单个染色体，但这两个染色体组几乎完全相同。稍后我们会看到，两个染色体组一个来自母方（卵细胞），一个来自父方（受精过程的精子）。正是这些染色体，或者可能只是我们在显微镜下实际看到的染色体的轴向纤丝骨架，在某种代码脚本中包含了个体未来发展的整个模式及其在成熟状态下的功能。每一个完整的染色体组都包含完整的代码，因此，未来个体早期阶段的受精卵通常存在两个密码副本。

我们把染色体纤丝的结构称为密码脚本，意思是说，就像拉普拉斯[②]构想的那个无所不知的大脑，对所有因果关系都了然于胸，就可以从它们的结构中判断，在适当的条件下，卵子是会发育成黑公鸡还是芦花鸡，变成苍蝇还是玉米、杜鹃花、甲虫、老鼠或者女人。我们可以补充一点，卵细胞的外观通常非常相似，即便外观不同，比如鸟类和爬行动物的卵相对巨大，但结构差异其实并不大，只不过因为某些显而易见的原因，这些硕大的卵细胞里有更多的营养物质罢了。

但"密码脚本"这个术语显然太过狭隘了。染色体结构同时也有助于实现它们所预示的发育过程。应该把染色体比喻为法律法规和行

[①] 译者注：原书第21页中，人类染色体数量写为48条，此处校正为46条，下面的"2×24"对应校正为"2×23"，本书后续内容按此校正。

[②] 译者注：拉普拉斯是法国分析学家、概率论学家和物理学家，法国科学院院士，他坚信决定论，认为可以把宇宙现在的状态视为其过去的果以及未来的因。如果一个智者能知道某一刻所有自然运动的力和所有自然构成的物件的位置，假如他也能够对这些数据进行分析，他就能知道未来是什么样的。

政权力的统一体，或者建筑师的规划和建筑工人的工艺的结合。

3. 有机体通过细胞分裂（有丝分裂）生长

染色体在个体发育[①]过程中如何表现？

有机体的生长通过连续的细胞分裂实现。这种细胞分裂称为有丝分裂。构成我们身体的细胞数量巨大，但细胞的一生并不像人想的那样频繁进行有丝分裂。一开始细胞增殖很快。卵细胞分裂成两个"子细胞"，下一步，分裂成4个，接着是8、16、32、64……在身体生长过程中各个部位细胞分裂的频率不会完全相同，会打破前面这些数字的规律性。但从它们的快速增长中，我们通过简单的计算可以推断，平均而言，只要50或60次连续分裂就足以产生一个成年人的细胞数量[②]——或者说，考虑到一生中细胞的更换，成年人体内细胞总量是这个数量[③]的10倍。因此，我的一个体细胞，平均来说只是我卵细胞的第50或第60代"后代"。

4. 有丝分裂中每个染色体都会被复制

染色体在有丝分裂过程中如何表现？它们会复制——两个染色体组、两份密码脚本都会复制。这一过程已经在显微镜下被深入研究，具有至关重要的意义，但因为太过复杂，无法在这里详述。最重要的一点是，两个"子细胞"都分别得到了两个与母细胞完全相同的染色

---

① 个体发育是个体在其一生中的发生、生长、发育、成熟的过程，与系统发育相对，后者为物种的形成和发展过程。
② 非常粗略来说，大约100亿或1000亿。
③ 同上。

体组。所以，所有体细胞的染色体都是完全一样的 ①。

尽管我们对这个机制了解甚少，但我们肯定它在一定程度上与有机体的功能密切相关。每一个细胞，哪怕一个不那么重要的细胞，都应该拥有一个完整（两组）的密码脚本副本。不久前，我们从报纸上获悉，蒙哥马利将军 ② 在非洲战役 ③ 中，特别强调他军队里的每一位士兵都要对所有的作战计划了然于胸。如果这是真的（考虑到他的士兵的高智商和可靠性，可以想象确有其事），那么它为我们的案例提供了一个绝佳的类比，所以我们相应地肯定这件事是真实的。最令人惊讶的是在细胞有丝分裂过程中始终保持两个染色体组，这是遗传机制的显著特征，但我们马上会讨论唯一一个背离该规则、又最能揭示这一特征的细胞染色体行为。

5. 还原分裂（减数分裂）与受精（配子结合）

个体发育开始后不久，就会保留下来一部分细胞，用于日后产生成熟个体繁殖所需的配子，视情况而定到底是精子还是卵细胞。"保留"意味着它们在此期间不用作其他目的，经历的有丝分裂次数要少得多。保留细胞在个体发育成熟后会分裂产生配子，这种特别的细胞分裂叫作减数分裂（称为 meiosis），通常只在配子结合前很短时间发生。减数分裂中，母细胞的两个染色体组分成两个单一染色体组，每个染色体组会分别进入两个子细胞中，形成配子。换句话说，染色体数量在

---

① 请生物学家原谅我在这个简短的总结中忽略了减数分裂的例外情况。
② 译者注：即伯纳德·劳·蒙哥马利，英国军事家、政治家、陆军元帅。
③ 译者注：即第二次世界大战中，北非战场的第二次阿拉曼战役。蒙哥马利1942年任英国驻北非第8集团军司令，指挥，击溃德意联军，扭转北非战局。

有丝分裂中加倍，但在减数分裂中保持不变，因此每个配子只收到一半染色体，只有一个完整的密码副本，而非两个，例如，人类配子细胞染色体为 23 条，不是 2×23 也就是 46 条。

只有一个染色体组的细胞称为单倍体（haploid，来自希腊语，意思是单的）。因此配子是单倍体，普通体细胞是二倍体（diploid，来自希腊语，意思是双的）。一般而言全部体细胞中都具有三个、四个或多个染色体组的个体偶尔会出现，相应称为三倍体、四倍体、多倍体。

在配子结合过程中，雄性配子（精子）和雌性配子（卵子）这两个单倍体细胞结合，形成二倍体受精卵。它的两个染色体组一个来自母方，一个来自父方。

6. 单倍体个体

还有一点需要修正。尽管染色体对于遗传来说必不可少，但有趣的是，每个染色体组都包含一个相当完整的遗传"模式"密码脚本。

有些情况下，减数分裂后并不会立即受精，其间单倍体细胞（配子）会经历无数次有丝分裂，从而形成一个完整的单倍体个体。雄蜂的诞生就是这样一个例子。雄蜂由蜂王未受精的卵细胞发育而来，是单倍体卵。所有雄蜂都没有父亲！它们所有的体细胞都是单倍体。因此你完全可以称雄蜂为"超级大精子"，其实众所周知，产生精子恰好是每只雄蜂一生中唯一的任务。这个观点听上去或许有些可笑，但雄蜂并不是仅有的例子。许多植物通过减数分裂产生的单倍体配子称为孢子，孢子落到地上，会像种子一样发育成单倍体植物，其大小与二倍体相当。

图 2-1 是森林里人们熟悉的苔藓的草图。底部长有叶片的单倍体植物称为配子体，因为其上端发育形成了生殖器官和配子，通过相互受精方式产生二倍体植物，并在裸茎的顶部长出了孢子囊。当孢子囊打开，孢子落到地面，发育为长有叶片的茎。前述事件的过程恰当地称为世代交替。你也可以用同样的方式来看待人与动物。但"配子体"精子或卵细胞通常是生存期非常短暂的一代单细胞。我们的身体相当于孢子体。我们的"孢子"则是保留细胞，它们通过减数分裂产生单细胞配子。

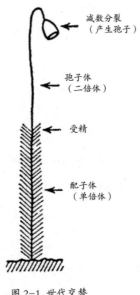

图 2-1　世代交替

7. 减数分裂的突出关联

在个体繁殖过程中，真正起决定性作用的重要事件不是受精，而是减数分裂。一个染色体组来自父方，另一个来自母方。机遇和命运都不能干涉这一点。每个人 ① 的遗传一半来自母亲，一半来自父亲。谁的遗传更占上风是由其他因素决定的，我们将在后面讨论（当然，性别本身就是这种普遍存在的遗传问题最简单的例子）。

但如果你要把你的遗传追溯到你的祖父母，那情况就不一样了。让我把注意力集中在父亲的染色体组上，特别是其中的一条，比如说5 号染色体。它是我父亲从他父亲或者母亲那里得到的 5 号染色体的精准复制。具体来自谁由 1886 年 11 月在我父亲体内发生的减数分裂的 50∶50 的概率决定，它产生的精子几天后就孕育了我。同样的故事也在父亲第 1 号、2 号、3 号、……23 号染色体上重复上演，同样的情况也适用于来自母亲的染色体。此外，全部 46 条染色体的遗传都是相互独立的。即使人们知道我父亲的 5 号染色体来自我的祖父约瑟夫·薛定谔，但 7 号染色体来自他或他妻子玛丽·博涅的概率依旧一半一半。

8. 交叉互换，性状的位置

但是，在后代中混合祖父母染色体遗传的偶然情形要比前述范围更广，前面已经默认甚至明确指出，一个特定的染色体作为一个整体要么来自祖父，要么来自祖母。换句话说，前面假设单个染色体是以不可分割的一个整体进行代际传递的。但事实并非如此，或者并非总是如此。在减数分裂的染色体分离之前，比如说父亲体内的染色体，任意两条"同源"染色体彼此紧密相连，在此期间它们有时会以图 2-2

① 至少包括每个女性。为避免冗余，我在总结中排除了非常有趣的性别决定和与性别相关的特征（例如，所谓的色盲）等内容。

所示的方式进行整段交换。这个过程，称为"交叉互换"，位于该染色体各自部分的两个性状将在孙子那一代分离，有的遗传性状随祖父，有的则随祖母。交叉互换的发生既不罕见也不频繁，但为我们提供了染色体不同位置性状的宝贵信息。为了全面说明，我们要用到下一章才介绍的概念（例如杂合性、显性等）；这会超出这本小册子的范围，所以让我马上指出重点。

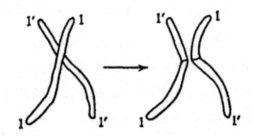

图 2-2　交叉互换
左图：两条同源染色体相接触。右图：交叉互换并分离。

如果没有交叉互换，同一条染色体携带的两个性状将始终一起传递，后代会同时接受两个遗传性状。但是由于不同染色体的两个性状要么有 50% 的概率被分开，要么必然会分开——后者是因为当两个性状分别位于同一祖先的同源染色体上时，它们永远不会进入同一个子细胞。

这些定律和可能性会受到交叉互换的干扰。因此，可以精心设计详尽的育种实验，仔细记录后代中性状的百分比来确定交叉互换的概率。在分析统计数据时，人们接受了一个暗示性的工作假设，亦即，位于同一染色体上的两个"连锁"性状之间的距离越近，就越不容易因交叉互换而断开。因为这样一来，两者间就不太可能存在交换点了，而位于染色体两端的性状则可以通过交叉互换而分离（这也同样适用于位于同一祖先的同源染色体上性状的重组）。这样的话，人们就能借助"连锁统计学"得到每条染色体的"性状图"。

这些预期已得到充分证实。在充分应用实验的情况下（主要但不仅是果蝇），因为有不同的染色体（果蝇有 4 对），实验的性状分成了许多不同的组，组与组之间没有连锁。在每个组中，都可以绘制出一幅线性性状图，定量说明该组中任意两个性状之间的连锁程度，因此毫无疑问，它们实际上沿着一条直线分布，位置固定，跟染色体的棒状结构相符。

当然，这里绘制的遗传机制草图仍然相当空洞、毫无色彩，甚至有点原始。因为我们还没有说我们究竟对这些性状有哪些理解。将一个有机体的模式分解成离散的"性状"似乎既不合适，也不可能，因为它本质上是一个统一体，一个"整体"。我们在特定情况下实际想表明的是，一对亲本在某个明确定义的方面是不同的（比如说，一个有蓝色的眼睛，另一个眼睛是棕色的），而后代在这个方面要跟这个一样，要不就跟另一个一样。我们在染色体上定位出来的东西就是这种差异所在（用专业术语，我们称之为"位点"，或者，如果我们想到其背后假定的物质结构，可称之为"基因"）。在我看来，其实性状的差异才是基本概念，而非性状本身，尽管这一说法在语言和逻辑上存在明显的矛盾。性状的差异是离散的，在下一章我们谈到突变时就会知道，希望目前提出的枯燥无味的机制能因此丰富多彩起来。

9. 基因最大的尺寸

我们刚刚介绍了基因这个术语，它是指具有明确遗传性状的假定物质载体。现在有必要强调与我们的研究密切相关的两点。第一点是基因的大小，或者更准确的是，最大的尺寸，换句话说，我们可以定位到一个多小的体积？第二点是基因的持久性，这一点可以从遗传模式的持久性推断出来。

关于大小，有两个完全独立的估计方法，一个基于遗传学证据（育种实验），另一个基于细胞学证据（使用显微镜直接观察）。前一个原理上足够简单。按照前述方式，定位了特定的一条染色体中相当数量的不同（大规模）性状（比如以果蝇为对象）后，我们只需将该染色体的测量长度除以性状数量，再乘以横截面面积，就能得到所需的估计值。当然，我们只能将偶尔通过交叉互换分离的性状视为不同的，它们不能归因于相同的（微观或分子）结构。另一方面，很显然，我们的估计只能给出一个最大尺寸，因为随着工作的进行，通过基因分析分离出来的性状数量会不断增加。

另一种估计虽然基于显微镜观察，但实际上远没那么直接。果蝇的某些细胞（即其唾液腺细胞）由于某种原因体积非常大，它们的染色体也如此。在这些细胞中，你可以分辨出纤维丝上密集的横向暗带图案。C.D.达林顿①评论说，这些横纹的数量（他使用的数字是2000条）

---

① 译者注：即西里尔·迪安·达林顿（1903—1981），英国生物学家，他对染色体的研究影响了有性繁殖物种进化的遗传机制的基本概念。

虽然比繁育实验确定的遗传性状数量大得多，但二者仍处于同一个数量级上。他倾向于认为这些横纹指出了实际基因（或基因间隔）的位置。他将正常大小的细胞中测得的染色体长度除以横纹的数量（2000），得出一个基因的体积与一个边长为 300 埃的立方体的体积相当。考虑到这个估计比较粗糙，我们可以认为这跟第一种方法求出的大小一样。

10. 小数

　　稍后将全面讨论统计物理学对我能想到的所有事实的影响，或者，我应该说，这些事实对在活细胞中应用统计物理学的影响。但让我提醒大家注意一个事实，即在液体或固体状态下，300 埃只有大约 100 或 150 个原子的距离，因此一个基因包含的原子数量肯定不会超过一百万或几百万个。这个数字太小了（从 $\sqrt{n}$ 定律的角度来看），从统计物理学（这意味着根据物理学）角度来说，无法形成有序、合乎规律的行为。即便所有这些原子就像它们在气体或液滴中一样，都起到了相同的作用，但它们的数量也还是太小了。基因肯定不仅仅是一滴均匀的液滴。它可能是一个大的蛋白质分子，其中每个原子、每个自由基、每个杂环都扮演着单独的角色，或多或少不同于其他类似的原子、自由基或杂环。无论如何，这是霍尔丹和达林顿等著名遗传学家的观点，我们很快就会讨论到能证明这种观点的遗传学实验。

11. 稳定性

现在让我们转向第二个与我们的主题高度相关的问题：遗传性状的稳定性程度如何，其稳定性与携带遗传性状的物质结构有多大关系？

这个问题的答案的确可以在没有任何特别研究的情况下给出。我们谈论遗传性状这一事实表明，稳定性几乎是绝对的。因为我们始终记得，父母遗传给孩子的不单是这个或那个性状：鹰钩鼻、短手指、风湿病倾向、血友病、二色性色盲等。我们可以很容易选取这些性状来研究遗传规律。但它其实是"表型"的整体（四维）模式，即个体可见和显现出来的性状，经过几代人的复制而没有发生明显变化，在几个世纪内——虽然不是在数万年内——稳定存在，并且每次传递时都由结合成受精卵的两个细胞核的物质结构携带。这是一个奇迹，还有另一个更伟大的奇迹，这两个奇迹虽然密切相关，却在不同层面上。我想表达的是，我们的整体存在完全建立在这种绝妙的相互作用之上，但我们却拥有获取大量知识的能力。我认为这些知识也许足以发展到能让我们完全理解第一个奇迹的程度。但第二个奇迹可能远远超出了人类的认知范畴。

第三章
突变

变幻无常的现象徘徊着，

你将定于永恒的思想。

——歌德

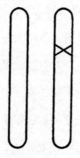

1. "跳跃式"突变——自然选择的运行基础

刚刚用来证明基因结构具有持久性的那些一般事实，我们可能都太过熟悉了，所以很难为之震惊，也很难令人信服。俗话所说的有例外才能证明规律的存在这一次确实没错。如果孩子和父母之间完全相似的话，我们不可能设计那些向我们揭示了详细遗传机制的出色实验，更不可能观察到大自然通过自然选择和适者生存塑造物种的那些百万倍精妙的宏大实验。

让我以这最后一个重要主题为出发点，介绍相关事实——这里要再次致歉并提醒大家，我并不是个生物学家。

我们如今相当清楚，达尔文误以为即便最纯种的种群，也必然会发生微小、连续、偶然的变异，作为自然选择发挥作用的基础。因为已经证实这些变异不是遗传来的。这一事实非常重要，可以简单加以说明。如果你采集一批纯种大麦，逐个麦穗测量麦芒的长度，并绘制出统计结果，你会得到一条如图3-1所示的钟形曲线，其中横轴为给定麦芒的长度，纵轴为对应麦穗的数量。换句话说：这批大麦中中等长度麦芒占绝大多数，麦芒过长或过短会以特定频率出现。现在挑选出一组麦芒长度明显超过平均值的麦穗（如图中标注黑色所示），但数量上要足够让麦穗能自发在田里播种，并长出新的作物。在对此进行前述同样的统计时，达尔文原本以为相应的曲线会向右平移。换句话说，他希望通过人为的选择来增加麦芒的平均长度。如果使用了真正纯种的大麦品种，情况却并非如此。从选定作物中获得的新统计曲线与第一条曲线相同，如果选择麦芒特别短的麦穗作为种子，结果也会如此。人为选择不会起作用，因为微小、连续的变化不是遗传带来的。它们显然不是基于遗传物质的结构改变，而是偶然发生。但大约在四十年前，荷兰人德弗里斯[①]发现，即便是纯种家畜的后代，也有极少数个体出现了微小但"跳跃式"的变化，"跳跃式"一词并不意味着变化非常显著，而是因为存在不连续性，在不变和少数变化之间没有中间形态。德弗里斯称之为"突变"。重要的是这种不连续性，这让物理学家想到了量子理论——相邻两个能级之间没有过渡能级状态。他倾向于将德弗里斯的突变理论比喻为生物学的量子理论。稍后我们会看到，这不仅仅是象征意义上的。突变实际上是由于基因分子中的量子跃迁造成的。但1902年，当德弗里斯首次公布他的发现时，量子理论诞生才两年。难怪这又花了整整一代人的时间才发现两者之间的密切关系！

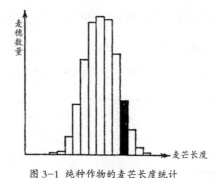

图 3-1　纯种作物的麦芒长度统计

标黑的组会选来播种（图中细节并非来自真实试验，只是示例说明）

----

① 译者注：即胡戈·德弗里斯（1848—1935），荷兰著名植物学家和遗传学家。

2. 突变会忠实地繁殖出来，完全可以遗传

突变和原始、不变的性状一样可以完美遗传。举个例子，在前面提到的第一批大麦中，有些麦穗可能会出现远远超出图 3-1 所示变异范围的麦芒，比如根本就不长麦芒。它们可能就代表了一种德弗里斯所说的突变，然后完全忠实地遗传。也就是说，它们所有的后代都会一样不长麦芒。

因此，突变肯定是遗传的变化，得通过遗传物质的某些变化来解释。大多数揭示遗传机制的重要育种实验，都在于按照预先设想的计划，仔细分析突变（或在许多情形下多重突变的个体）个体与未突变或不同突变的个体杂交获得的后代。另一方面，由于它们繁殖的后代会忠实地表现遗传性状，所以突变是自然选择能发挥作用的一种合适的素材，通过淘汰不适合的突变，让适者生存，从而产生达尔文所描述的物种。在达尔文的理论中，你只需要用"突变"代替他的"轻微的偶然变化"（就像量子理论用"量子跃迁"代替"能量的连续转移"）。如果我正确解释了大多数生物学家持有的观点①，那么达尔文理论的所有其他方面几乎都不需要做出改动。

———————————

① 人们对这个问题进行了充分讨论，即明显朝有用或有利方向发生的突变是否有助于（如果不是取代）自然选择。我个人对此的看法并不重要。但有必要指出，以下全部内容都忽略了"定向突变"的可能性。此外，我不能在这里讨论"开关"基因和"多基因"的相互作用，无论该作用对选择和进化的实际机制有多么重要。

3. 突变定位，隐性与显性

我们现在将再次以略微教条的方式回顾关于突变的一些其他基本事实和概念，而不是直接展示它们是如何从实验证据中——产生的。

我们应该认为，明确观察到的突变是由其中一条染色体上某个特定区域的变化引起的。的确如此。重要的是，我们也肯定这只是一条染色体的改变，而非同源染色体相应"位点"的改变。图 3-2 示意图中的交叉表示突变位点。当突变个体（通常称为"突变体"）与非突变个体杂交时，只有一条染色体受到影响。因为正好一半的后代表现出变异性状，一半表现出正常性状。这就是突变体减数分裂时两条同源染色体分离的结果，如图 3-3 所示。这是一个"系谱"，仅用一对染色体代表每一个个体（连续三代）。请注意，如果突变体的两条同源染色体都受到影响，那么所有的后代都将获得相同的（混合）遗传物质，不同于父母中任何一方。

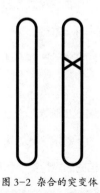

图 3-2 杂合的突变体

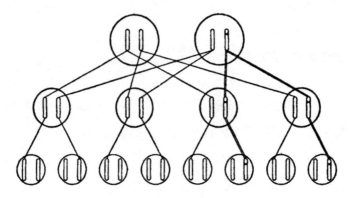

图 3-3　突变的遗传。单直线表示染色体的转移，双直线表示突变染色体的转移。第三代未标注的染色体来自第二代的配偶，没在图中表示出来。第二代的配偶应该是无血缘关系的，且均未发生突变

　　但这个领域的实验并不像前面说的那么容易。第二个重要事实使情况变得复杂，亦即，突变通常是隐藏着的。这是什么意思呢？

　　突变体的两个"密码脚本副本"不同，它们在同一个地方呈现两种不同的"文本"或"版本"。尽管很容易造成误导，但应该立即指出，将原始版本视为"正统"，将突变版本视为"异端"是完全错误的。原则上，它们具有平等权利，因为正常的性状也来自突变。

　　其实作为一般规则，个体的"模式"要么遵循正常版本，要么遵循突变版本。所遵循的版本称为显性，另一个版本则称为隐性。换句话说，根据突变是否能立即有效地改变个体模式，我们可以将突变称为显性突变或隐性突变。

　　隐性突变甚至比显性突变更频繁，而且也非常重要，尽管一开始它们根本不会表现出来。为了影响模式，突变必须存在于两条染色体中（见图 3-4）。当两个相同的隐性突变体碰巧相互杂交或一个突变体自交时，就会产生这样的个体。这在雌雄同体植物中是可能发生的，

甚至是自发发生的。简单思考一下就可以知道，在前述情况下，大约四分之一的后代会属于这种类型，因而明显表现出突变的模式。

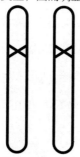

图 3-4 一个杂合突变体自体受精（见图 3-2）或者两个杂合突变体杂交获得的 1/4 的后代为纯合突变体

4. 介绍一些专业术语

我认为有必要在这里解释几个专业术语来说明问题。人们已经采用"等位基因"一词来表示我所说的"密码脚本版本"——无论是原始版本还是突变版本。如图 3-2 所示，当版本不同时，个体相对于该位点被称为"杂合子"。当版本相同时，如在未突变个体中或在图 3-4 的情况下，它们被称为"纯合子"。因此，隐性等位基因仅在纯合子时影响模式，而无论是纯合还是杂合，显性等位基因都会产生相同的模式。

有颜色往往比没有颜色（或白色）更占主导地位。因此，例如，豌豆只有在两条染色体上都有"白色的隐性等位基因"时才会开白花，这时它是"纯合的白色"，然后它会忠实地将这种性状繁殖出来，所有的后代都会是白色的。但是一个"红色等位基因"（另一个是白色的杂合子）就会使它开出红花，两个红色等位基因（纯合子）也会开出红花。后两种情况的差异只会在后代中表现出来，此时红色杂合子会产生一些白色后代，而红色纯合子会繁殖出红色后代。

两个个体可能外表看起来完全相同，但遗传物质却不同，这非常重要，因此需要进行严格区分。遗传学家说这两个个体有相同的表型，但基因型不同。因此，上述段落的内容可以用简短而高度专业的说法进行总结：只有当基因型为纯合子时，隐性等位基因才会影响表型。

我们会偶尔使用这些专业术语，但在必要时会帮读者回忆其含义。

5. 近亲繁殖的危害

只要隐性突变是杂合的，自然选择就不会起作用。如果隐性突变有害，这样的突变就永远不会被淘汰，因为它们是隐藏着的。因此，一定数量的不利突变可能都会累积起来，不会立即造成危害。但是，它们一定会传递给后代，这一点对人类、牲畜、家禽或其他物种都有重要意义，因为我们切身关心这些物种良好的身体状况。图3-3中，假设雄性个体（比如，以我为例）携带这种隐性有害杂合突变，因而不会表现出来。假设我的妻子没有这种突变。但是我们有一半的孩子（第二行）也会携带该突变——同样是杂合的。如果他们都与未突变的伴侣结婚（为了避免混淆，图中没有标出），那么我们的孙辈中有1/4的人会受到同样的影响。

除非同样受影响的个体彼此交配，否则有害的突变永远不会显现出来。简单一想，当他们1/4的孩子是纯合时，就会表现出这种突变的危害。除了自体受精（仅在雌雄同体植物中可能），最大的危险来自我儿子和女儿之间的通婚。他们两个都有1/2的可能受到潜在影响，其中 1/4 的乱伦结合都是危险的，因为 1/4 的孩子会表现出这种有害突变。因此，乱伦生出来的孩子的有害表现型概率是 1/16。

同样，对于我的两个（"纯种血统"）互为堂、表兄弟姐妹的孙辈结合生育的后代来说，出现有害表现型的概率为 1/64。这些似乎都算不上很大的可能性，人们其实通常能接受第二种情况。可别忘了，我们只分析了亲代（"我和我的妻子"）中一方具有某种潜在有害突变带来的后果。其实两个人很可能都存在不止一个此类潜在缺陷。如果你知道你自己有一个明确的缺陷，你要考虑到你 1/8 的堂、表兄弟姐妹可能也有！植物和动物实验表明，除了相对罕见的严重缺陷外，似乎还有许多小缺陷，它们结合在一起有可能使近亲繁殖的后代质量整体下降。由于我们不再倾向于以过去古代斯巴达人在泰格托斯山采用的严酷方式来淘汰失败者[①]，我们需要严肃看待人类的这些问题，因为在人类的生存状况下，适者生存的自然选择在很大程度上被削弱了，不，其实是转向了相反的方向。在更原始的条件下，战争在让最能适应环境的部落幸存者活下来可能具有积极的价值，但现代大规模屠杀各国健康青年的逆向选择效应，很难说有任何积极意义。

6. 一般的与历史的评论

隐性等位基因杂合时完全被显性等位基因压制，根本不产生任何可见的效果，这着实令人惊讶。但至少应该提到的，这种表现也有例外。

[①] 译者注：古代斯巴达的婴儿筛选制度，规定父亲不能按照自己的意愿抚育后代，男性新生儿必须由其父亲抱到一个叫作勒斯克的地方去，让部族的长老在那里代表国家检查，如果孩子健壮结实，他们就命令父亲抚养他，并将九千份土地里的一份分给那个婴儿，如果孩子瘦弱畸形，他们就把他丢在所谓的阿波特泰，即泰格托斯山脚下一个峡谷似的地方去。

当纯合的白色金鱼草与同样纯合的深红色金鱼草杂交时，所有的直系后代都是中间色，亦即，它们是粉红色的（而不是想象中的深红色）。一个更重要的例子是，两个等位基因同时表现出各自的影响，这种情况发生在血型中，但我们不在此讨论。如果隐性最终能被证明是有程度的，并且取决于我们用来检验"表型"测试的敏感程度，我也不应该为此感到惊讶。

这里也许应该提一下遗传学的早期历史。这一理论的支柱，即亲代不同的性状在后代中的遗传定律，尤其是隐性、显性的重要区别，都要归功于当今举世闻名的奥古斯丁修道院院长格雷戈尔·孟德尔（1822—1884）。孟德尔对突变和染色体一无所知。在布鲁恩（布尔诺）的回廊花园里，他对豌豆做了实验，培育了不同的品种，将它们杂交并观察它们的第 1 代、第 2 代、第 3 代……你可能会说，他在用他发现的自然界现成的突变体做实验。他早在 1866 年就将研究成果发表在布隆自然科学协会会刊上。似乎没有人对修道院院长的爱好特别感兴趣，当然也没人能想到，他的发现将成为 20 世纪最有趣的一门新兴学科的启蒙。他的论文被人们遗忘，直到1900年才同时被科伦斯（柏林）[①]、德弗里斯（阿姆斯特丹）和切尔马克（维也纳）[②] 三人重新发现。

7. 突变是小概率事件的必要性

截至目前，我们的注意力主要集中在数量更多的有害突变上，但要强调的是我们也会遇到有利突变。如果自发突变是物种发展过程中

① 译者注：科伦斯，弗朗茨·卡尔·约瑟夫·埃里克（1864—1933），德国植物学家。
② 译者注：埃里克·切尔马克·冯·齐泽奈克（1871—1962），奥地利植物学家。

的一小步，我们会认为：某些变化被随机"试验"出来，如果变化有害，就会自然淘汰。这引出了一个非常重要的观点。突变必须是小概率事件，这样自然选择才能对它发挥作用，当然突变发生也确实罕见。如果突变非常频繁，在同一个体中就有相当大的概率发生十几种不同的突变，而且有害突变通常会比有利突变更多，那么物种并不会通过选择得到改良，而是会保持不变，或者走向灭亡。因基因的高度稳定性而产生的相对保守主义必不可少。我们可以拿工厂里大型制造设备的运行方式进行类比。为了研制出更好的方法，即便未经验证，也要尝试创新。但是，为了确定创新是提高还是降低产量，一次只能引入一项创新，而设备装置的其他部分都保持不变。

8.X 射线引起的突变

现在我们需要回顾一系列极具独创性的遗传学研究工作，这与我们的分析工作高度相关。

用X射线或 γ 射线照射亲本，后代中的突变比例，即所谓的突变率，会比微小的自然突变率增加很多倍。以这种方式产生的突变与自发生的突变没有任何区别（除了数量更多），而且人们认为，每一个"自然的"突变也可以由 X 射线诱发。果蝇许多特殊的突变在大规模培养中一次又一次自发出现，如本书前文"交叉互换，性状的位置"中所述，这些突变位于染色体上，并被赋予了特殊的名称。甚至还发现了"复等位基因"，也就是说，除了正常、未突变的基因外，染色体密码的同一位置还有两个或两个以上不同的"版本"和"文本"，这意味着这个特定的"位点"不仅有两个，还有三个或三个以上的替代品，当它们同时出现在两条同源染色体的相应位点时，其中任何两个都是以"显性—隐性"互相关联的。人们认为，X 射线突变实验带来的每一个特定的"转变"，比如从正常个体到特定突变或者相反，都有其单独的"X 射线系数"，这个系数代表了在后代出生之前，对亲代施加单位剂量的 X 射线后，后代以这种特定方式发生突变的比率。

9. 第一定律：突变是单一事件

此外，控制诱导突变率的规律相当简单，也有一定的启发性。以下是 N.W. 季莫菲耶夫 ① 在 1934 年《生物学评论》（*Biological Reviews*）第九卷发表的报告。这篇报告在很大程度上，反映了作者本人出色的研究工作。第一定律为：

突变率的增加与射线的剂量成正比，因此人们就可以（像我所说的一样）得出增长系数。

我们过于习惯简单的比例，可能很容易低估这条简单定律的深远影响。我们可以通过商品价格与数量并不总是成正比来理解这些影响。平时，你要是经常从店主那里买六个橙子，他就会记得你，等哪天你决定要买十二个橙子，他的要价可能会不到六个橙子价格的两倍。但到了货物稀缺时期，情况可能恰恰相反。回归正题，我们得出结论，前一半剂量的辐射虽然造成比如千分之一的后代发生突变，但根本不

———————————
① 译者注：尼古拉·弗·季莫费耶夫—列索夫斯基（1900—1981），著名的苏联遗传学家和进化学家。

会影响其余的后代，无论是让其更容易发生突变，还是更难发生突变。而另一半剂量辐射诱发突变的可能性就不会还是千分之一。因此，突变并不是一种由连续小剂量辐射持续增强引起的累积效应。它必定是辐射期间发生在一条染色体上的某个单一事件。那么，这是哪种类型的事件呢？

10. 第二定律：突变的局部性

这问题由第二定律来回答，即：

若在较广的范围内改变射线的性质（波长），从软 X 射线到相当硬的 γ 射线，只要射线的剂量保持不变（亦即，通过适当选取标准物质，在亲代暴露于射线的时间和部位，测得的每单位体积内辐射产生的离子总量相同），则突变系数保持不变。

选择空气作为标准物质不单是为了方便，还因为有机组织组成元素的平均原子量与空气相当。通过简单将空气中的电离次数乘以两者密度之比，即可得出组织中电离辐射或相关过程（激发）的总量下限[①]。一项更为关键的研究已证实，导致突变的单一事件只是生殖细胞某些"关键"区域内发生的电离辐射（或类似过程）。这个关键区域的大小是多少？我们可以基于观察到的突变率进行估算：如果以每立方厘米 50,000 个离子的剂量对任意一个配子（位于辐射区）进行辐射，在该特定情形下，突变的概率仅为 1/1000，我们则可以得出结论，临界体积为 1/50000 立方厘米的 1/1000，也就是 5000 万分之一立方厘米，

---

① 下限，是因为其他过程不在电离测量范围内，但可能也会有效引起突变。

在该体积内，"目标"被电离辐射"击中"才会发生突变。这些数字并不准确，仅用于示例说明。在实际估算中，我们遵循 M. 德尔布吕克[1]同 N.W. 季莫菲耶夫和 K.G. 齐默尔[2]共同创作的论文中的方法，这也是接下来两章所阐述理论的主要来源。德尔布吕克得出的估计大小只有约平均十个原子的距离的立方，因而只包含约 $10^3=1000$ 个原子。用最简单的方式解释就是，当电离辐射（或激发）发生在距离染色体上某个特定点不超过"10 个原子距离"的部位时，就有相当大的概率产生突变。我们现在将更详细地讨论这个问题。

季莫菲耶夫的报告有个实用的提示，虽然它与我们目前的研究没什么关系。但有必要在这里提一下，现代生活中，人类在有些特定情形下不得不暴露在 X 射线中。直接造成的危害，众所周知的就有烧伤、X 射线诱发的癌症、不孕不育等等，因此需要对暴露在 X 射线中的人尤其是经常使用射线的护士和医生提供铅屏蔽、铅衣等防护。关键是，即使成功避免了个体面临的这些危险，似乎也依旧存在着生殖细胞中产生微小有害突变的间接危险——我们在谈到近亲繁殖的不利结果时所设想的那种突变。直截了当地说，虽然可能有点天真，但堂兄弟姐妹之间婚姻的伤害程度很可能会因为他们的祖母是个长期使用 X 射线的护士而增加。当然，这不是每个人都要担心的问题。但是，任何潜在的、会逐渐影响人类的、可能引发非必要突变的诱因都应该引起全社会的关注。

---

① 译者注：马克斯·德尔布吕克（1906—1981），德裔美籍生物学家。
② 译者注：卡尔·金特·齐默尔（1911—1988），德国物理学家，放射生物学家。

第四章

量子力学的证据

你炽热飞翔的想象力，

凝固在画里，存活在寓言中。

——歌德

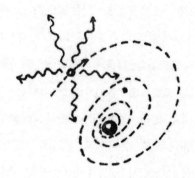

1. 经典物理学无法解释的稳定性

　　生物学家和物理学家借助极其精密的 X 射线仪器（物理学家应该还记得，它在 30 年前揭示了晶体的详细原子晶格结构），经过共同努力，最近成功降低了决定个体大规模特征的微观结构尺寸的上限——"基因的大小"，使其远低于本书第二章第九节"基因最大的尺寸"中的估计值。我们要严肃正视这个问题：从统计物理学角度来看，基因结构似乎只涉及相对较少的原子（1000 个左右，可能更少），但仍然能进行一种最具规律和定律的活动（具有近乎奇迹的稳定性或延续性），我们怎样才能接受这一矛盾的事实？

　　让我先将这一令人惊叹的情况放一边，先聊点儿别的。哈布斯堡王朝几个家族成员的下唇有一种特殊的缺陷（"哈布斯堡唇"）。在该王室的资助下，维也纳皇家学院对其遗传情况进行了仔细研究，并附了完整的历史肖像一同发表。这一特征被证实是正常唇形的孟德尔氏"等位基因"。让我们把注意力集中在 16 世纪一位家族成员及其 19 世纪后代的肖像上，我们有把握认为，造成这一异常性状的基因结构经历为数不多的几次细胞分裂，在几个世纪里代代相传，准确地在每个家族成员身上复制。此外，该基因结构中涉及的原子数量可能与 X 射线实验结果的数量级相同。在此期间，该基因一直处于 98°F [①] 左右，几个世纪以来一直没有受到热运动无序趋势的干扰，我们该如何理解？

　　20 世纪末的物理学家如果只准备利用那些他能够解释并真正理解

---

① 译者注：华氏度温度符号。98 华氏度约等于 36.7 摄氏度，为人体的正常温度。

的自然定律，他就没法回答这个问题。也许对统计情况进行短暂思考过后，他其实会回答（我们会清楚，这是正确的）：这些物质结构只能是分子。关于原子团的存在及其高稳定性，当时化学领域已经有了广泛了解。但这些了解纯粹是经验性的。人们并不清楚分子的性质——原子间强大的相互作用力让分子保持固定形状对每个人来说都是个彻头彻尾的谜题。事实证明，前面的答案是正确的。但如果神秘的生物稳定性只能追溯到同样神秘的化学稳定性，那它的价值其实就很有限。要证明两个看起来相似的特征归于同一个原理，只要原理本身未知，那么这证明就始终是不可靠的。

2. 量子理论可以解释

量子理论可以拿来解释生物遗传问题。根据现有知识，遗传机制与量子理论密切相关，甚至就建立在该基础之上。该理论由马克斯·普朗克[1]于 1900 年发现。现代遗传学则可以追溯到德弗里斯、科伦斯和切尔马克（1900）对孟德尔论文的重新发现，以及德弗里斯关于突变的论文（1901 年 3 月）。这两个伟大理论几乎同时诞生，难怪得等它们都发展到一定成熟度才能出现联系。量子理论这边，花了超过四分之一世纪的时间，直到 1926 年至 1927 年，W. 海特勒[2]和 F. 伦敦[3]才提出了化学键的量子理论的一般原理。海特勒—伦敦理论涉及量子理论（称为"量子力学"或"波动力学"）新近发展出的最微妙、最复杂的概念。

---

① 译者注：马克斯·卡尔·恩斯特·路德维希·普朗克（1858—1947），德国著名物理学家，量子力学的重要创始人之一。

② 译者注：瓦尔特·海因里希·海特勒（1904—1981），德国物理学家。

③ 译者注：弗里茨·沃尔夫冈·伦敦（1900—1954），德裔物理学家、理论化学家。

要演示量子理论与遗传机制之间的关系，不借助微积分几乎是不可能的，或者说至少需要本书这样篇幅的小册子才能说清楚。但幸运的是，既然所有的研究工作都是现成的，而且也有助于理清我们的思绪，我们似乎可以更直接地指出"量子跃迁"和突变之间的联系，以及解决当下最显而易见的问题。我们这里正是在做这种尝试。

3. 量子理论 – 离散状态 – 量子跃迁

量子理论的重大发现是揭示了始于"自然之书"的离散性特征，这以前，在当时的背景下，人们认为自然中只存在连续性，此外的其他任何东西都是无稽之谈。

此类例子第一个涉及的是能量。大型物体持续不断地改变其能量。例如，钟摆的摆动会因空气阻力而摆动幅度逐渐减小。但奇怪的是，原子这个量级大小的系统，其行为却被证明与之不同。因为某些原因我们无法深入讨论，所以我们假设一个小型系统只能拥有某些离散的能量，称为其特有的能级。从一种状态到另一种状态的转变是一个相当神秘的事件，通常被称为"量子跃迁"。

但能量并不是系统唯一的特征。再拿我们的钟摆来举例，但这次想象一个可以执行不同类型运动的钟摆，一个由天花板上的绳子悬挂着的重球。它可以在南北、东西或任何其他方向上摆动，也能以圆或椭圆轨迹摆动。用风箱轻轻吹这个球，可以让球从一种运动状态连续地转变到另一种运动状态。

但大多数具有这些或类似特征的小型系统（我们无法详细说明），都不是连续变化的。就像能量一样，它们是"量子化的"。

于是对于许多原子核及其周围的电子来说，当它们彼此靠近形成一个"系统"时，本质上并不能形成我们能想到的任意构型。但性质使然，它们只能选择[①]其他一系列数量众多但离散的"状态"中的一个。我们通常称之为"级"或"能级"，因为能量是特征中非常重要的部分。但你要明白，对特征的完整描述不仅仅包括能量。把特定状态看作所有微粒的一种确定的构型其实也对。

一种构型转换为另一种构型就是量子跃迁。如果第二个构型具有更大的能量（是更高的能级），则系统必须从外部获取至少两种能量之差，才足以让这种转换成为可能。从更高能级的构型到较低能级的构型，则可以自发变化，然后将多余的能量用于辐射。

4. 分子

在给定原子选择的离散状态集合中，并不必然但可能存在最低能级，这意味着原子核彼此挨得相当近。处于这种状态的原子形成一个分子。这里要强调，分子必然具有一定的稳定性，除非外部能提供至少使其"提升"到下一个更高能级所需的能量差，否则分子的构型无法改变。因此，这个能级之差是一个定义明确的量，定量地决定了分子的稳定程度。我们会观察到这与量子理论的基础（即能级的离散性）有非常密切的联系。

我恳请读者想当然地认为，这类观点已经被化学事实彻底检验过了。确实，它成功地解释了化学价的基本事实，以及分子结构的许多

---

① 我采用的是相对通俗的说法，但足以用来说明我们的问题。但我很惭愧，这个说法可能存在错误的地方。真实的情况要复杂得多，还包括系统所处状态的偶然不确定性。

细节，包括分子结合能、分子在不同温度下的稳定性等等。这些都是
海特勒—伦敦理论里的内容，前面已经说过，这里不再赘述。

5. 分子的稳定性取决于温度

我们要着眼于研究对我们的生物学问题至关重要的一点，即分子
在不同温度下的稳定性。首先，假设我们的原子系统处于最低能量状
态。物理学家会称之为处于绝对零度的分子。需要供应一定的能量，
才能把它提升到下一个更高的状态或能级。最简单的方法就是"加热"
这个分子。你把它放到一个温度更高的环境中（"热浴"），那么其
他系统（原子、分子）就会撞击它。热运动具有完全不规则性，因此
并不存在明确的温度界限能必然并立即产生"提升"。更确切地说，
在任何温度（不同于绝对零度）下，都有可能发生提升，只不过发生
的概率可能更小或更大。当然，提升发生的概率会随着热浴温度的升
高而增加。形容这种概率的最佳方式是指出你在提升发生前等待的平
均时间，即"期望时间"。

根据M. 波兰尼[1]和E. 维格纳[2]的研究，"期望时间"很大程度上取
决于两种能量的比率，一种是产生提升所需的能量差本身（我们将其
写成 W），另一种是特定温度下热运动的强度（我们用 T 表示绝对温
度，kT 表示特征能量）[3]。显然，实现提升的概率越小，期望时间越长，
提升所需的能量与平均热能之比就越大，亦即，$W:kT$ 的比值越大。

---

① 迈克尔·波兰尼（1891—1976），英籍犹太裔物理化学家和哲学家。
② 尤金·保罗·维格纳（1902—1995），美籍匈牙利理论物理学家。
③ K 为一个已知的常数，称为玻尔兹曼常数，为气体原子在温度 T 下的平均动能。

令人惊讶的是，期望时间在很大程度上取决于 $W: kT$ 比值相对较小的变化。举个例子（按照德尔布吕克举过的例子）：若 W 为 kT 的 30 倍，则期望时间可能仅为 1/10 秒；但当 W 为 kT 的 50 倍，期望时间会上升到 16 个月；当 W 为 kT 的 60 倍，期望时间会直接飙升到 30000 年！

6. 数学插曲

这里不妨为那些喜欢数学的读者用数学语言来指出期望时间对能级或温度变化如此敏感的原因，并辅以一些类似的物理学评论。原因在于，期望时间，表示为 t，它与 W/kT 符合指数函数关系，即：

$$t = \tau \times e^{w/kT}$$

τ 是一个量级为 10^{-13} 或 10^{-14} 小常数，单位为秒。这个特殊的指数函数不是一个偶然特征。它一次次反复出现在热的统计学理论中，形成了该理论的主干。它用于衡量在系统某个特定部分偶尔聚集能量大小为 W 的不可能性，当"平均能量"增长到 kT 的相当高的倍数时，这种不可能性也会随之急剧增加。

实际上，W 是 kT 的 30 倍时（见前面引用的例子），这种情况出现的概率就已经非常小了。当然，因为系数 τ 很小，所以这并没有导致期望时间非常长（在我们的例子中只有 1/10 秒）。这个系数具有物理意义，是系统中不断发生的振动周期的量级。你可以很宽泛地把这个系数描述为积累所需能量 W 的机会，虽然概率相当小，但在"每次振动"（也就是说，每秒大约振动 10^{13} 或 10^{14} 次）时会不断出现。

7. 第一个修正

将这些作为分子稳定性的理论的同时就已经默认，我们称之为"提升"的量子跃迁，即使不会导致分子完全解体，至少也会让相同原子形成一种本质上不同的构型——化学家所说的异构体分子，由相同原子以不同排列方式组成的分子（在生物学应用中，它代表同一"位点"的不同"等位基因"，量子跃迁代表突变）。

为了让这种解读更为合理，我们的阐述必须简单明了、通俗易懂。如前所述，可以想象，只有在最低能量状态下，我们的那组原子才能形成我们所说的分子，而下一个能级更高的构型已经是"其他东西"了。但事实并非如此。其实最低能级之后是一系列密集的能级，这些能级不会引起整体构型的任何明显变化，只对应我们前面提到的原子间的微小振动。它们也是"量子化"的，但从一个级别到下一个级别的差值相对较小。因此，当处于相当低的温度的时候，"热浴"粒子的撞击可能就足以引起原子间的微小振动。如果分子是一个扩展了的结构，你可以把这些振动想象成穿过分子的高频声波，不会对其造成任何伤害。

所以我们要对理论做出的第一个修正是：我们需要忽略能级的"振动精细结构"。术语"下一个更高能级"只能理解为与分子构型变化相关的相邻能级。

8. 第二个修正

第二个修正解释起来难度要大得多，因为它涉及相关不同能级系统的某些重要但相当复杂的特征。不同能级系统之间的自由转变，除了所需的能量供应外，可能还会受到阻碍，甚至从高能级状态到低能级状态的转变也会受阻。

让我们先从经验事实开始说起。化学家了解，同一组原子可以通过多种方式结合形成一个分子。这种分子被称为同分异构体[①]。异构现象并不是异常事件，而是一种规律。分子越大，同分异构体种类就越多。图 4-1 展示了一种最简单的情况，即两种丙醇，它们均由 3 个碳原子（C）、8 个氢原子（H）、1 个氧原子（O）组成。[②] 氧可以插入任何氢原子和碳原子之间，但只有我们图中所示的两种情况是不同的物质，而且是的确真实存在的不同物质。两者所有的物理和化学性质都明显不同。它们的能量也不同，它们代表着"不同的能级"。

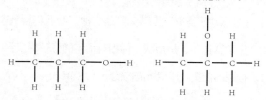

图 4-1 丙醇的两种同分异构体

值得注意的是这两种分子都相当稳定，都显示出"最低能级状态"，两种状态之间不会自发转变。

---

① 译者注：同分异构体的英文为 Isomer，源于希腊单词。
② 讲座中，分子的碳原子（C）、氢原子（H）和氧原子（O）分别用黑色、白色和红色的木球表示。我这里没有重现这个做法，因为图 4-1 也一样符合分子实际情况。

因为这两种构型并不属于相邻能级。从一种构型到另一种构型的转变只能通过中间构型，中间构型的能量比其中任何一种都大。大致来说，需要从一个位置把氧原子取出来，然后插入另一个位置。似乎没有一种方法可以在不经过更高能量的构型的情况下做到这一点。这种状态有时如图4-2所示，其中1和2表示两种同分异构体，3表示它们之间的"阈值"，两个箭头表示"提升"，亦即，分别从状态1转变到状态2或从状态2转变到状态1所需的能量。

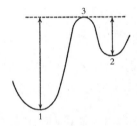

图4-2 同分异构体能级（1）和（2）之间的能量阈值（3），箭头表示转换所需的最小能量

现在可以给出我们的"第二个修正"，即这种"同分异构体"类型的转变是我们在生物应用中唯一感兴趣的问题。在本章第四第五节"分子"和"分子的稳定性取决于温度"两节解释"稳定性"时，我们就是这么想的。我们所说的"量子跃迁"，是指从一种相对稳定的分子构型到另一种相对稳定的分子构型的转变。转变所需的能量（用 W 表示）不是实际的能级差，而是从初始能级到阈值的能量差（参见图4-2中的箭头）。

在初始状态和最终状态之间没有阈值的转变是完全无趣的，这不仅在生物应用中如此。这种转变实际上对分子的化学稳定性没有任何贡献。为什么？它们没有持久的影响，仍然不被人注意。当这种转变发生时，分子几乎会立即重新回到初始状态，因为没有什么可以阻止它们复原。

第五章
对德尔布吕克模型的讨论及验证

　　正如光明之显示自身并显示黑暗，所以真理既是真理自身的标准，又是错误的标准。

——斯宾诺莎《伦理学》第二部分，命题四十三

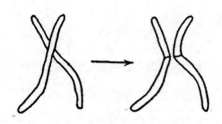

1. 遗传物质的全景图

根据前述事实，可以非常简单地回答我们的问题，即：这些由相对较少的原子组成的结构，能否长期承受遗传物质在其中的不断的热运动的干扰？我们会假定基因的结构是一个巨大的分子，只能发生不连续的变化，原子可以重新排列并导致出现同分异构①分子。这种重排可能只影响基因的一小部分，但可能会发生大量不同的重排。将实际构型与任何可能的异构构型区分开来的能量阈值必须足够高（与原子的平均热能相比），才能使这种变化成为小概率事件。这些小概率事件就是自发突变。

本章后续内容致力于通过与遗传学事实进行详细比较，将基因和突变（主要受益于德国物理学家德尔布吕克）的全景图纳入考察。在此之前，我们可以对该理论的基础和一般性质适当地做一些说明。

2. 全景图的特殊性

解答生物学问题是否绝对有必要去挖掘根源，用量子力学来得出全景图？我敢说，基因是分子的猜想如今早已司空见惯。无论是否熟悉量子理论，很少有生物学家会不同意这一观点。在本书第四章第一节"经典物理学无法解释的稳定性"中，我们大胆地让这个观点从一

---

① 尽管根本不可能排除任何与环境相关的可能性，但为了方便起见，我还会继续称它为同分异构体的转变。

位前量子物理学家的嘴里说了出来，作为对观测到的稳定性的唯一合理解释。随后关于同分异构、阈值能量、比率 W/kT 在确定同分异构转变可能性中的首要作用等方面的考虑——所有这些都可以在纯粹的经验基础上解释，无论如何都不需要借助量子理论。通过这本小册子很难真正解释清楚，也许已经让许多读者感到厌烦了，可为什么我还要如此强烈地坚持量子力学的观点？

量子力学是首个从基本原理出发解释自然界中实际遇到的各种原子集合体的理论方法。海特勒—伦敦键是该理论一个独特、突出的特征，但其并不是为了解释化学键而发明的。它以一种非常有趣但令人费解的方式出现，迫使我们从完全不同的角度去考虑问题。但它其实与我们观察的化学事实完全一致，而且，这的确是一个显著的特征。人们有理由相信，在量子理论的进一步发展中，"这样的事情不会再发生"。

因此我们敢说，遗传物质的分子解释不会被推翻，因为物理学角度没有其他理论能够用来解释遗传的稳定性。如果德尔布吕克勾勒的图景是错误的，那我们将不得不放弃进一步的尝试。这是我想说的第一点。

3. 一些传统的误解

但有人可能会问：除了分子之外，真的没有其他能由原子组成的稳定性结构了吗？比如说，埋在坟墓里数千年之久的一枚金币，难道不是还能保留刻在上面的肖像特征吗？的确，金币是由大量原子组成的，但在这个例子里，我们当然不能仅凭单纯的肖像保存良好就归因于大数的统计学原理。同样的说法也适用于嵌在岩石里的水晶，它们经历了数个地质时期也没有发生变化。

这就引出了我想阐明的第二点。分子、固体和晶体其实并没有什么差别。从目前的知识来看，它们其实是相同的。但是，学校教学还保留了某些已经过时多年的传统观点，模糊了人们对实际情况的理解。

学校教授的关于分子的知识不会让人认为分子更接近固态，而不是液态或气态。相反，我们被教育说要仔细区分物理变化和化学变化，例如熔化或蒸发这类物理变化，分子结构保持不变（例如，无论是固体、液体还是气体的酒精，总是由相同的分子 C_2H_6O 组成）。酒精燃烧，$C_2H_6O + 3O_2 = 2CO_2 + 3H_2O$，是化学变化，其中一个乙醇分子和三个氧分子经过重新排列形成两个二氧化碳分子和三个水分子。

关于晶体，我们学到它们会形成三维空间重复堆砌的晶格，就像酒精和大多数有机化合物一样，单个分子的结构有时可以被分辨出来，而在其他晶体中，例如岩盐（NaCl，氯化钠），氯化钠分子无法被明确区分，因为每个钠原子都由六个氯原子对称环绕，反之亦然。因此，如果非要把钠原子和氯原子配成一个分子的话，很大程度上是任意配对的。

最后，我们还被告知固体可以是晶体，也可以不是晶体，在后一种情况下，我们称之为无定形体。

4. 物质的不同"状态"

现在我不会说上面所有这些说法和区别都完全没有可取之处。它们有时其实很有用。但在物质结构方面，得要用完全不同的方式来界定。根本区别在于以下两个"方程式"：

分子 = 固体 = 晶体

气体 = 液体 = 无定形体

我们简要解释下这些说法。所谓的无定形固体要么不是真正的无定形，要么不是真正的固体。X 射线揭示了"无定形"碳纤维中石墨晶体的基本结构。因此，木炭既是固体，也是晶体。如果某物质没有晶体结构，我们就将其视为具有极高"黏度"（内摩擦）的液体。这种物质没有明确的熔化温度和熔化潜热，表明它并不是真正的固体。受热时，它逐渐软化，最终液化，过程始终连续，不会间断。（我记得第一次世界大战结束时，我们在维也纳得到了一种沥青状的物质来代替咖啡。这种物质太坚硬了，得拿凿子或小斧头才能把小块打碎，然后它会呈现出光滑的、贝壳状的裂痕。但是，如果你不明智地把它晾在一边好几天，随着时间的推移，它会像液体一样，紧紧黏在容器底部。）

气态和液态的连续性人尽皆知。通过"绕过"临界点，你可以不间断地液化任何气体。但我们在这里不做详细讨论。

5. 真正重要的区别

所以，我们算是已经解释了上述体系中的所有内容，除了其要点，即我们希望分子被视为：固体或晶体。

因为无论原子数量是少是多，原子形成一个分子，原子间的相互作用力都跟构成固体晶体的众多原子之间的相互作用力性质完全相同。分子表现出的结构稳固性和晶体一样。请记住，我们正是要用这种稳固性来解释基因的稳定性！

物质结构真正重要的区别在于，原子是否由那些"固化"的海特勒—伦敦力结合在一起。固体和分子中的原子都以这样的力结合在一起，但在单原子气体中（例如汞蒸气），则不然。在由分子组成的气体中，只有每个分子内部的原子以这种方式连接。

6. 非周期性固体

小分子可以被称为"固体的胚芽"。从一个小小的固体胚芽开始，大概可以有两种不同的方式来建立越来越大的集合体。一种是在三个方向上一遍遍重复相同结构的相对单调的方式。这就是晶体生长的方法。一旦确定了周期性，集合体的大小就不会有明确的限制。另一种方法不需要通过枯燥的重复机制来建立一个逐渐扩大的集合体。这就是越来越复杂的有机分子的情况，每个原子、每个原子团都发挥各自的作用，彼此并不完全相同（对比周期性结构）。我们可以很恰当地将其称为非周期性晶体或固体，并由此得出假设：我们相信基因或整个染色体纤丝[①]是非周期性固体。

7. 压缩在微型密码中的各类信息

经常会有人问，受精卵的细胞核那么小，怎么就能包含有机体所有未来发展的复杂密码脚本呢？原子的有序集合体似乎是我们唯一能想到的物质结构，它具有足够的抵抗力以永久保持其有序性，它能提供各种可能的（"同分异构"）排列，它的排列数量还相当大，因此

---

① 它高度灵活并非反对的理由，因为细铜线也是如此。

足以在一个很小的空间内嵌入一个复杂的"决定"系统。这种结构其实只需要很少的原子就能产生几乎无限数量的可能排列。举个例子，想象下莫尔斯电码。在不超过 4 个符号的有序组中，用点和短线两种不同符号可以排列出 30 种不同的组合。如果你还可以使用除点和短线之外的第三种符号，而且要排列出不超过 10 个符号的有序组，你可以得到 88,572 个不同"字"；如果是 5 种符号，最多 25 个符号的有序组，数字会是 372,529,029,846,191,405。

可能有人会反对说这个比喻有缺陷，因为莫尔斯符号可能有不同的构成（例如·－－和··－），所以是同分异构体不恰当的类比。为了弥补这一缺陷，让我们从第三个示例中选择 25 个符号的组合，并且假定密码的 5 种类型每种都有 5 个符号（5 个点，5 个短线等）。粗略计算得到的组合数为 62,330,000,000,000，后面这些零代表我没有费心计算的数字。

当然，实际情况中，并不是原子团的"每一种"排列都代表一种可能的分子。此外，也并不是所有密码都能任意采用，因为密码脚本本身得是促成发育的关键因子。但另一方面，示例中选择的数字（25）仍然很小，我们只设想了一行的简单排列。我们想说明的是，可以想象，有了基因的分子样貌，微型密码可以精确地对应于一个高度复杂和具体的发育计划，而且也含有将其付诸实施的某种手段。

8. 与事实比较：稳定性程度；突变的不连续性

现在，让我们最后将理论情况与生物学事实进行比较。第一个问题显然是，它是否真的能解释我们观察到的高度稳定性？所需量的阈值——平均热能 kT 的高倍数，是否合理？是否在普通化学认知范围内？这个问题容易解决，无须研究各类表格就可以给出肯定的回答。化学家在给定温度下分离出的所有物质的分子，在该温度下至少要有几分钟的寿命（这种说法还过于谨慎，寿命通常会比这更长）。因此，化学家面对的阈值得恰好和解释生物学家可能遇到的任意程度的持久性所需的数量级相同。因为本书第四章已经说明，在大约 1 到 2 范围内变动的阈值，对应的寿命大约是几分之一秒到数万年。

但让我在这里提一下数字，以供将来参考。本书第 50 页中的示例提到的 W/kT 的各个比值，即：

$$\frac{W}{kT} = 30, \frac{W}{kT} = 50, \frac{W}{kT} = 60$$

分别产生寿命：

$1/10$ 秒，16 个月，30,000 年，

分别对应室温下的阈值：

0.9 电子伏，1.5 电子伏，1.8 电子伏。

我们解释下单位"电子伏"，用这个单位对物理学家来说相当方便，因为它很直观。例如，第三个数字（1.8 电子伏）代表一个电子在大约 2 伏的电压下加速，将获得足够的能量来通过碰撞实现跃迁（作为比较，普通便携式手电筒的电池电压为 3 伏）。

考虑了这些因素，我们就可以想象，由振动能的偶然波动引起的分子某些部分构型的同分异构变化，实际上是小概率事件，可以解释为自发突变。于是，我们根据量子力学的基本原理，解释了关于突变最惊人的事实，也是最初引起德弗里斯注意的事实，即变异是"跳跃"

变化的，不会出现中间形式。

9. 自然选择基因的稳定性

发现任何种类的电离射线都会增加自然突变率后，人们可能会想到将自然突变率归因于土壤和空气中的放射性以及宇宙辐射。但与 X 射线实验结果的定量比较表明，"自然辐射"太弱，只能解释自然突变率的一小部分情况。

就算我们必须利用热运动的偶然波动来解释罕见的自然突变，也不必对大自然能成功做出如此巧妙的阈值选择而感到特别惊讶，因为大自然本就只有这么做，才会让突变变得罕见。早前的那些讲解里，我们已经得出结论，频繁地突变不利于进化。发生基因突变的个体，如果其基因结构不够稳定，几乎不可能有长期存活的、"超激进的"、快速突变的后代。该物种将淘汰这些具有不稳定基因的后代，从而通过自然选择积累稳定的基因。

10. 突变体有时稳定性较低

但是，对于我们育种实验中出现的突变体，以及我们为研究其后代而选择的特定突变体，当然没有理由期望它们都表现出非常高的稳定性。因为它们还没有被"考验过"，或者说，如果有，可能也会因为变异性太高，它们已经在野生繁殖中被"淘汰"了。无论如何，我们毫不惊讶，有些突变体的确会比正常的"野生"基因表现出更高的突变可能性。

11. 温度对不稳定基因的影响要小于稳定基因

这让我们能够测试我们的突变性公式

$$t = \tau e^{w/kT}$$

（我们应该记得，t 表示突变发生的期待时间，W 代表发生突变所需的阈值能量）我们会问：t 如何随温度变化？利用前述公式可以很容易地近似求出，温度分别为 $T+10$ 与 T 时，t 的比值的近似方程为：

$$\frac{^tT+10}{^tT} = e^{-10W/kT^2}$$

指数为负，该比值自然小于 1。随着温度升高，期望时间缩短，突变性增加。现在可以在果蝇能够承受的温度范围内对其进行测试。乍一看，结果令人惊讶。随着温度上升，低突变性的野生基因明显增加了突变次数，但相对高突变性的已突变基因却没有增加突变性，或者说增加的程度至少要比野生基因低得多。这正是我们在比较两个公式时所设想的。根据第一个公式，对于稳定基因来说，W/kT 的数值更大，这样期待时间会更长；而根据第二个公式，W/kT 数值增加将使计算出的比值变小，也就是说，随着温度的升高，突变性显著增加。（该比值似乎介于 1/5 和 1/2 之间。两者比值的倒数在 2 和 5 之间，刚好是我们在普通化学反应中所说的范特霍夫因子。[①]）

---

① 译者注：范特霍夫因子表示溶质对溶液依数性性质（如渗透压、蒸汽压下降、沸点升高和凝固点降低）影响的程度。范特霍夫，即雅各布斯·亨里克斯·范特霍夫（1852—1911），荷兰化学家。

12.X 射线如何诱导突变

现在转向 X 射线诱导的突变率。我们已经从育种实验中推断出，首先（根据突变率和辐射剂量的比例），某个单一事件会引起突变；其次（从定量结果和突变率是由平均电离密度决定，不受波长影响），该单一事件必定是一个电离作用或类似的过程，且只有在大约 10 个原子距离的特定立方体内发生，才能引起特定的突变。根据我们的全景图，显然要由电离或激发引起的类似爆炸过程来提供克服阈值所需的能量。我称之为爆炸式，是因为一次电离中消耗的能量（顺便说一句，不是由 X 射线本身消耗的，而是由它产生的次级电子消耗的），众所周知相对有 30 电子伏之巨。它必然会在放电点周围转化为急剧增加的热运动，并以"热波"的形式从那个位置传播开来，形成原子的剧烈振荡波。不难想象，在大约 10 个原子距离的平均"作用范围"下，这种热波依旧可以提供 1 或 2 个电子伏的阈值能量，尽管一个毫无偏见的物理学家已经预见到了一个比这略低的作用范围。在许多情况下，爆炸的影响不是有序的同分异构式转变，而是染色体的损伤。当这种损伤通过巧妙的互换作用，未受损伤的染色体（第二个染色体组中与之配对的染色体）会被移除，并替换为其相应的、存在损伤的、病态染色体，这种损伤于是就会变得致命——这一切都是可以预料的，跟实际观察到的情况没有区别。

13. 自发变异性并不决定 X 射线的效率

还有相当多其他特征，即便不能从我们对遗传物质的描述的全貌中预测出来，也很容易从中理解。例如，不稳定突变体的 X 射线诱导突变率，平均来说不会比稳定突变体更高。倘若爆炸提供了 30 电子伏的能量，你肯定不会认为所需的阈值能量大一点（比如 1.3 电子伏）或者小一点（比如 1 电子伏），它所产生的影响就会有非常大的差异。

14. 可逆性突变

在某些情况下，人们还研究了双向转变，比如从某个"野生"基因转变到某个特定的突变基因，再从该突变基因变回到野生基因。在这种情况下，自然突变率有时几乎一样，有时却极为不同。初看人们会感到困惑，因为两种情况需要克服的阈值似乎相等。但是要知道，变化所需的能量得从初始构型的能级来测量，对于野生和突变基因来说，测量结果可能并不相同。（参见本书第四章的图 4-2，"1"可以指野生等位基因，"2"指突变体等位基因，其较低的稳定性由较短的箭头表示。）

总之，我认为德尔布吕克的"模型"经得起考验，理应在进一步思考中使用它。

第六章
有序、无序与熵

身体不能决定心灵，使它思考。心灵也不能决定身体，使它动或静，更不能决定使它成为任何其他东西，如果有任何其他东西的话。

——斯宾诺莎《伦理学》第三部分，命题二

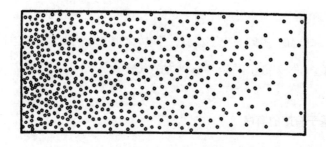

1. 模型中一个值得注意的一般性结论

让我们参考本书第五章第七节中的一句话，我试图说明，基因的分子图景至少可以让人设想，微型密码应该与一个高度复杂和具体的发育计划一一对应，并且应该也包含将其付诸实施的某种手段。那么，它是怎么做到的呢？我们如何将"可设想性"转化为真正的理解？

德尔布吕克的分子模型虽然具有高度的不变性，但似乎并没有指出遗传物质是如何起作用的。我其实并不抱希望，会认为在不久的将来，关于这个问题的所有详细信息都可能来自物理学。但我相信，在生理学和遗传学的指导下，生物化学正在推动并将进一步推动对这一问题的详细研究。

如上文所述，仅描述遗传物质的结构，还无法得出遗传机制发挥作用的详细信息。这是显而易见的。但奇怪的是，基于这种遗传物质的结构能得出一个一般性结论，我承认，这是我写这本书的唯一动机。

从德尔布吕克对遗传物质的总体描述中可以看出，生命物质虽然并不遵循已完善的"经典物理学定律"，但很可能符合迄今为止未知的"其他物理定律"，不管怎样，一旦它们被揭示出来，这些定律将与前者一样成为这门科学不可分割的一部分。

2. 基于有序的有序

这是一种相当隐晦的思路，容易引起多方面的误解。剩下几页内容都是为了让这个思路变得更清晰。可以从以下几个方面得出一个初步结论，虽然粗浅但并非一无是处。

第一章已经解释过，我们所知道的物理定律都是统计学定律。[①] 它们与事物陷入无序的自然趋向有很大关系。

但是，为了使遗传物质的高稳定性与其微小的尺寸相关联，我们需要通过"发明分子模型"来避免无序的趋向。这是一个非常大的分子，是高度分化的有序的杰作，由量子理论的魔棒来守护。随机定律并不会因为这项"发明"而失效，但它们的结果会被修改。物理学家很熟悉：经典物理定律会被量子理论修正，尤其是在低温下。这样的例子很多。生命现象似乎就是其中一个例子，尤其引人注目。生命似乎是物质有序并合乎规律的行为，不仅在于它趋向于从有序走向无序，还在于其部分维持现有的有序。

对于物理学家（而且仅限于物理学家），我用一句话来进一步阐明我的观点：生物体似乎是一个宏观系统，这个系统部分行为符合纯粹的力学定律（与热力学定律相对），当温度接近绝对零度，分子的无序运动消除，所有系统都会趋向纯机械活动。

非物理学家很难相信，被他视为绝对精确的普通物理定律，真的建立在物质走向无序状态的统计学趋势基础之上。我在第一章中给出了例子。涉及的一般原理是著名的热力学第二定律（熵增定律）及同样著名的统计学基础。在本章第三节到第七节，我试图描述熵增定律对生物体宏观行为的影响——暂时不考虑所有关于染色体、遗传等信息。

[①] 要完整地一般化"物理定律"可能会有点难度。这一点将在第七章讨论。

3. 生命物质避免了向热力学平衡的衰退

生命的特征是什么？什么时候可以说物质是有生命的？答案是，当它持续"做某事"、不断运动或与周围环境交换物质等等的时候，而且持续的时间要比在类似情况下无生命物质"持续"的时间要长得多。一个没有生命的系统被隔离或放置在一个均匀的环境中，由于各种摩擦力的存在，所有的运动通常都会很快停止；电势或化学势差会消失；倾向于形成化合物的物质最终会形成化合物；温度通过热传导变得均匀。之后，整个系统逐渐衰退，变成一团死气沉沉的物质，达到一种稳定的状态。在这种状态下，不会发生可观察到的事件。物理学家称之为热力学平衡状态，或"最大熵"。

这种状态其实一般很快就会达到。但理论上，它通常还不是绝对平衡，还不是真正的最大熵。最终达到平衡的过程非常缓慢，可能需要几个小时、几年、几个世纪……举个快速达到平衡的例子：如果将一个装满纯水的玻璃杯和另一个装满糖水的玻璃杯放在一个恒温的密闭容器中，起初看起来似乎什么都没有发生，让人觉得整个系统已经处于完全平衡的状态。但大约一天后，人们注意到，由于较高的蒸气压，纯水在缓慢蒸发，并凝聚在糖水上。糖水于是会溢出来。只有在纯水完全蒸发后，糖才能在所有液态水中均匀分布。

不要误认为这些最终缓慢达到平衡的过程是生命，我们可以忽略它们。我提到这个是为了澄清自己受到的不准确指控。

4. 以"负熵"为生

有机体会避免快速衰变到"平衡"的惰性状态，这让其显得尤为神秘。在很早以前，人类认为是某种特殊的非物质或超自然力量（vis viva，活力，生命的本源）在有机体内起作用，驱动着生命的运转，而且有些地方现在还有人这么说。

生物体如何避免衰退到平衡状态呢？答案显而易见：通过吃、喝、呼吸和同化（就植物而言）。专业术语称为新陈代谢。希腊词源的意思是改变或交换。交换什么？毫无疑问，最初的观点是交换物质（例如，德语中新陈代谢一词为 Stoffwechsel）。把物质交换看作最本质的东西是荒谬的。氮、氧、硫等原子都和其他同类原子一样，交换它们能有什么好处？过去有那么一段时间，我们得知人类依靠能量来生存，于是好奇心有所抑制。在一些高度发达的国家（我不记得是德国还是美国，或者两者兼而有之），餐馆里的菜单除了价格，还标了每道菜的热量。不用说，这种做法同样荒谬。成年有机体的能量含量和物质含量都很稳定。因为，卡路里和卡路里之间价值相等，单纯的交换不会带来什么助益。

那么，食物中到底存在什么珍贵的东西，会让我们免于死亡呢？这很容易回答。每一个过程、事件、意外——随你怎么称呼，总而言之，自然界中发生着的一切，都意味着它所处世界的熵在增加。因此，生物体不断增加它的熵，或者说，产生正熵，从而趋向于接近最大熵的危险状态，即死亡。生物体只能不断地从环境中汲取负熵才能摆脱死亡，继续活着。我们马上会看到，负熵是非常正面的东西。有机体依靠负熵生存。或者，说得不那么自相矛盾，新陈代谢的本质是有机体成功地摆脱自己生命活动中必然会产生的所有熵的影响。

5. 什么是熵？

什么是熵？首先要强调它不是一个模糊的概念或想法，而是一个可测量的物理量，就像杆子的长度、物体任意一点的温度、给定晶体的熔点或给定物质的比热容一样。在绝对零度（大约 −273℃），所有物质的熵都为零。当你通过缓慢、不可逆的小步骤将物质转变为其他状态时（即便物质因此改变其物理或化学性质，或分裂成具有不同物理或化学性质的两个或多个部分），熵增加的量就通过将你在该过程中提供的每一小部分热量除以提供热量时的绝对温度，并将它们相加计算得出。举个例子，当你熔化一个固体时，增加的熵为熔化所需热量除以熔点的温度。从中可知，熵的单位是卡路里每摄氏度（就像卡路里是热量单位，厘米是长度单位）。

6. 熵的统计学意义

我提到这个专业定义只是为了消除经常笼罩在熵这个概念上的迷障。对我们来说更重要的是有序和无序在统计学概念上的关系，玻尔兹曼和吉布斯在统计物理学中的研究揭示了这种联系。这也是一个精确的定量关系，表示为熵 $=klogD$，式中，k 为玻尔兹曼常数（$k=3.2983 \times 10^{-24}$ cal./℃），D 是所讨论物体原子无序的定量度量。很难用简单的非专业术语来准确解释这个量 D。它表明的无序，部分是热运动的无序，部分是由不同种类的原子或分子随机混合，而非整齐分开带来的无序，例如前面引用的例子中的糖和水分子就是这种无序。这个例子很好地说明了玻尔兹曼方程。糖在纯水中的逐渐"扩散"增加了无序度 D，因此（因为 D 的对数随 D 的增加而增加）熵也随之增加。也很明显，任何热量的供应都会增加热运动的无序，亦即增加 D，从而增加熵。当你熔化晶体时应该也是如此，因为你由此破坏了原子或分子整齐而稳定的排列，并将晶格变成一个不断变化的随机分布。

一个孤立的系统或一个处于均匀环境中的系统（就目前而言，我们最好将其作为我们考虑的系统的一部分）的熵会增加，并或多或少会迅速接近最大熵的惰性状态。我们现在认识到，这一物理学基本定律只是事物接近混沌状态的自然趋势（与图书馆的书籍或写字台上成堆的论文和手稿表现的趋势相同），除非我们主动干预它（在这种情况下，与不规则的热运动类似，我们会时不时拿走这些物品，而不会费力将它们放回原来的位置）。

7. 维持组织运转靠从环境中汲取"有序"

我们如何用统计学理论来表达生物体可以延缓衰变到热力学平衡状态（死亡）的这一神奇能力？我们之前说过："生物体以负熵为生。"它为自身获取了一股负熵流，来补偿它因生命行为而增加的熵，从而使自己保持在一个稳定且相当低的熵水平上。

如果 D 为无序的度量，那么它的倒数 $1/D$ 可以被视为有序的直接度量。由于 $1/D$ 的对数正好就是 D 的负对数，我们可以将玻尔兹曼方程写成这样的形式：

$$负熵 = k\log\left(\frac{1}{D}\right)$$

于是，"负熵"这个笨拙的表达就可以换成一个更好的表达方式：即负熵本身就是有序的一种度量。生物体在相当高的有序度（等于相当低的熵）下保持自身稳定的手段，实际上在于不断从环境中汲取有序性。这个结论没有初看起来那么矛盾。相反，人们可能会批判它过于浅薄。就高等动物而言，我们对它们赖以生存的有序性了如指掌，亦即，它们作为食物的物质由不同复杂程度的有机化合物构成，处于极其有序的状态。食物吃完之后，高等动物以一种降解程度非常高的形式将其返还给大自然——并不是完全降解，因为植物还可以利用它（当然，阳光是植物最大的"负熵"来源）。

8. 备注

有关负熵的言论遭到了物理学家同行的质疑和反对。首先我想说，如果我只是为了迎合他们，就应该讨论自由能这一更为常见的概念。但从语言学角度来看，这个高度专业化的术语似乎太接近能量了，无法让普通读者意识到两者之间的区别。他可能多少会把自由当作一个没有太多意义的修饰语，而它其实是个相当复杂的概念，想要表述它与玻尔兹曼的有序—无序原理的关系比熵和"负熵"更难描绘。顺便说一句，熵并不是我的发明，而恰好是玻尔兹曼最初论证涉及的内容。

但是 F. 西蒙非常中肯地指出，我简单的热力学论述并不能解释为什么我们要靠吃"由极其有序的、略复杂的有机化合物构成"的物质活着，而不是靠吃木炭或金刚石为生。他说得对。但我得向非专业的读者解释，在物理学家看来，一块未燃烧的煤或金刚石，连同其燃烧所需的氧气，也都处于极其有序的状态。可以证明：如果你燃烧煤，让它们发生反应，就会产生大量的热量。通过将热量释放到周围环境，系统会消除反应产生的大量熵增，并达到熵水平与之前大致相同的一种状态。

然而，我们无法以反应生成的二氧化碳为生。所以西蒙指出的一点很对，食物的能量含量确实相当重要，所以我并不应该嘲讽菜单上标注了能量。能量不仅可以提供我们体力劳动所消耗的机械能，还能替代我们不断向环境散发的热量。散热并非偶然，而是必不可少的。

因为这正是我们处理生命过程中不断产生的过剩熵的方式。

　　这似乎表明，恒温动物的体温越高，就具备以更快速度去除熵的优势，从而能够承受更激烈的生命过程。我不确定这个论点有多少真实性（我对这些论点负责，与西蒙无关）。可能有人会反驳说，许多恒温动物用皮毛或羽毛来保护自己，以防热量迅速散失。因此，我认为存在体温和"生命强度"之间的对应关系，而且有必要通过本书第五章第十一节提到的范特霍夫定律更直接地进行解释：较高的温度会加速生命中的各种化学反应（这一点确实已经在适应环境温度的物种中得到了验证）。

第七章
生命基于物理定律吗?

如果一个人从不自相矛盾的话，一定是因为他从来什么也不说。

——米格尔·德·乌纳穆诺（引自对话）

1. 有机体的新定律

简而言之，我想在最后一章阐明，基于我们对生命物质结构的已有了解，我们很有可能发现它的运行方式无法被归纳为普通物理定律。并不是因为有诸如"新的力量"等等之类的东西在指挥生物体内单个原子的行为，而是因为生命物质的结构有别于我们在物理实验室中试验过的所有物质。好比说，一个只熟悉热力发动机的工程师，在研究了一台电动机的结构后，会发现它并不按照自己已掌握的原理运行。电动机里，他熟悉的用来制作锅炉的铜，被做成长长的线，缠成铜线圈；他熟悉的拿来制作杠杆、连杆和汽缸的铁则嵌在这些铜线圈内部。他相信，同样的铜和同样的铁就应该遵循同样的自然定律。确实，在这一点上他是对的。但结构上的差异足以让他愿意接受一种完全不同的运作方式。就算电动机没有锅炉和蒸汽，只要转动开关就会旋转，他也不会因此就怀疑电动机是由幽灵驱动的。

2. 回顾生物学概况

有机体生命周期中事件的发生能展现出极为出色的规律性和有序性，这是任何无生命物质都无法比拟的。有机体由极为有序的原子团控制，这些原子只占每个细胞的很小一部分。此外，从我们对突变机制形成的观点来看，可以得出结论，生殖细胞"控制原子"组中几个原子的错位就足以引起生物体大规模遗传性状的明显变化。

　　这些无疑是当今科学揭示的最有趣的事实。我们可能会认为这些变化并非完全不可接受。有机体具备一种惊人的天赋，能将"有序流"集中在自己身上，能从合适的环境中"汲取有序性"，从而防止衰退到原子混乱的状态。这似乎与"非周期固体"，即染色体分子的存在有关。这必定代表了已知最高程度的有序原子集合体，远高于普通的周期性晶体，因为染色体分子的每个原子和每个原子团都在这里发挥着各自的作用。

　　简单来说，我们见证了这样一个事件：现有的有序展现出维持自身和产生有序事件的能力。这听起来很有道理，但为了证明这一点，我们确实借鉴了社会组织和其他涉及有机体活动的事件的经验。所以，这似乎意味着某种循环论证。

3. 总结物理学概况

　　然而，需要反复强调的一点是，对于物理学家来说，这种情况不仅看似合理，而且因其一直不为人所知而最引人兴奋。与普遍看法相左，无论是在由大量相同分子组成的周期性晶体中，还是在液体或气体中，事件受物理定律支配的规律性过程永远不会是原子的高度有序构型的结果——除非原子的构型重复了很多次。

　　就算化学家在研究体外的非常复杂的分子，他也总会将大量相似的分子作为研究对象。化学定律适用于这些分子。例如，他可能会告诉你，在开始某个特定的反应 1 分钟后，1/2 的分子会发生反应；2 分钟后，3/4 的分子会发生反应。但就算能跟上某个分子的行踪，他也无法预测这个分子是已经发生反应了，还是尚未受到影响。这是个纯概率问题。

这不是个纯理论的猜想。并不是说我们永远无法观察到单个小原子团，乃至单个原子的命运。我们偶尔也可以。但每当我们这么做，都会观察到毫无规律的结果，只有大量这样的结果放在一起才能形成整体的规律性。我们在第一章讨论过一个例子。悬浮在液体中的小颗粒的布朗运动是完全不规则的。但如果有许多类似的小颗粒，它们会通过不规则的运动产生规则的扩散现象。

人们可以观察到单个放射性原子的衰变（它释放的粒子会在荧光屏上产生可见闪光）。给定一个放射性原子，它的寿命可能远不如一只健康的麻雀更确定。确实，我只能说：只要放射性原子还存在（可能是数千年之久），那么它在下一秒衰变的可能性，无论大小，都是一样的。虽然单个放射性原子不受个体控制，但大量同类放射性原子却带来了精确的指数衰变规律。

4. 鲜明对比

生物学的情况完全不同。仅存在于一个染色体上的一个原子团就能产生有序的事件，根据最巧妙的定律，它们彼此之间以及与环境之间能达成难以置信的协调一致。"仅存在于一个染色体上"，我会这么说是因为还有卵子和单细胞有机体的例子。在高等有机体的发育后期阶段，染色体的数量会成倍增加，这是真的。但能增加到什么程度？据我所知，成年哺乳动物体内会有 10^{14} 这样的数量级。那是什么概念！也就只有 1 立方英寸空气中分子数的百万分之一。虽然相对较大，但汇集起来只会形成一个小液滴。再看看染色体的实际分布情况：每个细胞中只有一个（或者两个，如果能想起来二倍体的话）。染色体就像细胞里拥有巨大权力的小小中央机构，细胞则像分散在全身的地方政府，因为共享一套密码，彼此之间的沟通异常容易。

好吧，这一描述特别形象生动，但可能对科学家来说不太合适，更像诗人的口气。我们无须凭借诗意的想象，只需要清晰明确的科学思考就能认识到，各类事件规则和合乎定律的展开显然是由一种与物理学的"概率机制"完全不同的"机制"引起的。因为可以观察到，仅存在于单个染色体（有时是两个）中的单一原子团，内嵌着各细胞的指导原则，由它指导产生的事件是有序性的典范。无论我们为之惊讶还是认为合理，一个微小但高度组织化的原子团能够以这种方式起作用，也仅存在于生命物质中，在其他任何物质中都不存在。研究无生命物质的物理学家和化学家从未见过他们必须以这种方式解释的现象。正因为从来没有出现过，所以并没有纳入我们的理论范畴——我们出色的统计学理论让我们有理由为之自豪，因为它让我们能够观察到原子和分子无序运动背后产生的符合精确物理定律的绝妙有序性，因为它还揭示了最重要、最普遍、包罗万象的熵增定律，不需要特定的假设就可以理解，因为熵就是分子无序本身。

5. 产生有序的两种方式

生命展开的过程中遇到的有序性来源不同。有两种不同的"机制"可以产生有序事件：产生"无序中的有序"的"统计学机制"和产生"有序中的有序"的新机制。在没有偏见的人看来，第二个原理似乎更简单，也更合理。毫无疑问就是这样。这就是为什么物理学家如此傲慢地赞同另一个原理，即"无序中的有序"原理，这一原理在自然界中得到了验证，传达了对自然事件重要线路的理解，即不可逆性。但我们不能指望由此衍生出的"物理定律"能够直接解释生命物质的行为，因为其最显著的特征显然在很大程度上是基于"有序中的有序"原理。你不会指望两种截然不同的机制会带来相同类型的定律，一如你也不会期望你家的钥匙能打开邻居家的门。

因此，我们不能因为生命难以用普通物理定律来解释就感到气馁。因为通过以生命物质结构为基础的研究成果来看，我们必定会碰到这些困难。我们要做好准备去找到一种新的普遍存在的物理定律。如果新原理不是超物理定律的话，可否称之为非物理定律？

6. 新原理与物理学并不相悖

不，我并不这么认为。因为生命物质涉及的新原理是一个真正的物理原理：在我看来，它只不过又重复了一遍量子理论的原理。为了解释这一点，我们有必要做一些详细的阐述，对之前的预判进行改进，而不是说进行修正，即所有物理定律都是基于统计学的。

这种说法一再被提出，难免引起矛盾和争议。有些现象的显著特征确实直接基于"有序中的有序"的原理，似乎与统计学或分子无序无关。

太阳系的有序，即行星的运动，几乎在无限期地维持着。此刻的星座图与金字塔时代任何特定时刻的星座图都如出一辙，两个时期的星座图可以互相推演。人们通过计算推断的历史上的日月食与实际历史记录相当吻合，甚至在某些情况下可以用来修正公认的年历表。这些计算并不涉及任何统计学，完全基于牛顿万有引力定律。

精准的时钟或任何类似机械装置的规律运动似乎也与统计学无关。简而言之，所有纯粹的机械活动似乎都明确而直接地遵循"有序中的有序"原理。如果我们要谈"机械"，得从广义上理解这个概念。如你所知，一种非常有用的时钟是基于发电站规律传输的电脉冲计时的。

我记得马克斯·普朗克写了一篇有趣的小论文，题为《动力学和统计学类型定律》（*Dynamische und Statistische Gesetzmässigkeit*）。这种区别正是我们在这里所说的"有序中的有序"和"无序中的有序"的区别。这篇论文目的是展示控制宏观事件的统计学定律如何由控制微观事件的动力学定律构成，即单个原子和分子的相互作用。后一种类型是通过宏观的机械现象来说明的，比如行星或时钟的运动等。

因此，我们已经非常严肃地指出，"有序中的有序"这一"新"原理，是理解生命的真正线索，对物理学来说一点也不陌生。普朗克甚至在论证这条线索具有更高的优先权。我们似乎得出了一个荒谬的结论，即理解生命的线索基于一种纯粹的力学原理，一种普朗克论文意义上的"钟表装置"。在我看来，这个结论并不荒谬，也并非完全错误，但必须对其"持保留态度"。

7. 时钟的运动

让我们精确地分析一个名副其实的时钟的运动。它根本不是一种纯粹的机械现象。纯粹的机械时钟不需要发条，也不需要上弦。一旦启动，它将永远走下去。一个没有发条的时钟在摆动几下后停止，它的机械能转化为热能。这是一个极其复杂的原子过程。物理学家对其形成的总体印象迫使他承认逆过程并非完全不可能：通过消耗自身齿轮和环境的热能，一个无发条的时钟可能会突然开始走动。物理学家会说：时钟经历了异常强烈的布朗运动。我们在本书第一章第九节中已经看到，对于高灵敏度的扭转天平（静电计或电流计），这种事情经常发生。当然，就时钟而言，却不太可能。

时钟的运动属于动力学还是统计学类型的规律事件（使用普朗克的方式表达）取决于我们的态度。在称其为动力学现象时，我们关注相对较弱的发条所能保证的规律运动，发条克服了热运动产生的可以忽略的小干扰。但如果没有发条，时钟的运动会因摩擦而逐渐变慢，这个过程只能被理解为一种统计学现象。

从实际角度来看，时钟的摩擦效应和热效应相当微不足道，但毫无疑问，第二种不忽略它们的态度更为基本，即便面对的是由发条驱动的时钟的规律运动时，亦如此。因为驱动装置不可能脱离过程的统计学性质。真正的物理图景包括这样一种可能性，一个正常运行的时钟在消耗环境中的热量后，能逆转其运动，开始逆时针走动，并上紧发条。但与布朗运动导致没有驱动装置的时钟突然运转相比，这一事件发生的可能性还稍微更小些。

8. 时钟装置毕竟是具统计学内涵的

现在让我们回顾一下总体情况。我们分析的"简单"例子代表了许多其他实例，这些实例似乎都不符合无所不包的分子统计学的原理。

由真实（与想象相对）物质制成的时钟装置并非真正意义上的"时钟装置"。概率因素或多或少地减少了，时钟突然完全出错的可能性微乎其微，但在统计学背景下，可能性总还是存在的。即便在天体运动中，也存在不可逆的摩擦力和热扭转影响。因此，地球的自转因潮汐摩擦力而逐渐减慢，伴随着这种减慢，月球逐渐远离地球。但如果地球是一个完全刚性的旋转球体，就不会出现前述情况。

　　然而，事实仍然是，"物理时钟装置"明显显示出非常突出的"有序中的有序"的特征——当物理学家在有机体中遇到它们时，这类特征让他感到兴奋。看来这两者还是有一些共同之处的。但至于这共同之处到底是什么，究竟还有什么显著的不同使得有机体的情况如此新奇和前所未有，还有待进一步观察。

9. 能斯特定理

　　什么时候一个物理系统（由任何种类的原子组合）会显示出符合"动力学定律"（普朗克的意思）或"时钟装置特征"呢? 量子理论对这个问题有一个简明扼要的回答：在绝对零度的状态。随着温度接近绝对零度，分子的无序运动不再与物理事件有任何关系。顺便说一句，这一事实并不是通过理论发现的，而是通过仔细研究各种温度下的化学反应，并将结果外推到绝对零度——这实际上是无法达到的。这就是瓦尔特·能斯特[1]著名的"热定理"，它有时被称为"热力学第三定律"（第一定律是能量守恒定律，第二定律是熵增定律），这一点并不过分。

―――――――――

[1] 译者注：瓦尔特·赫尔曼·能斯特（1864—1941），德国物理学家、化学家。

　　量子理论为能斯特的经验定律提供了合理的基础，也使我们能够估计出，一个系统要表现出近似的"动力学"行为，必须接近绝对零度。在特定情况下，什么温度实际上已经等于绝对零度了呢？

　　不要认为这一定得是个极低的温度。能斯特的发现其实源于这样一个事实：即便在室温下，熵在许多化学反应中的作用也微乎其微（让我帮助大家回忆下，熵是分子无序程度的直接度量，是无序度的对数）。

10. 摆钟处于绝对零度

　　摆钟呢？对于摆钟来说，室温其实相当于绝对零度。这就是它遵循"动力学"工作的原因。如果你冷却钟摆，它会继续工作（前提是你已经清除了所有油垢！）。但如果你把它加热到室温以上，它就不会继续工作，因为它最终会熔化。

11. 时钟装置与有机体的关系

　　这看起来特别无足轻重，但我认为，它确实触及了关键点。钟表装置能够以"动力学"的方式运行，在于它们是由海特勒－伦敦力保持特定形状的固体构成的，作用力的强度足以避免常温下热运动的无序趋向。

　　我认为，现在有必要再多说几句来揭示钟表装置和有机体之间的相似之处。简单且唯一的一点是，有机体也是由形成遗传物质的非周期性晶体固体构成的，这种晶体在很大程度上脱离了热运动的无序状态。但请不要指责我称染色体纤丝只是"有机体机器的齿轮"，至少在尚未提及这个比喻的深刻物理学理论基础的情况下如此。

因为，它其实只需要更少的修辞来让人回忆起两者之间的根本差异，并证明为什么能用修饰语"新奇和前所未有"来形容生物学的情况。

最显著的特征是：第一，齿轮在多细胞有机体内不寻常的分布，这一点我可以参考本章第四节略带诗意的描述；第二，单个齿轮其实并非由人类粗制滥造，而是按照上帝的量子力学原理完成得最精美的杰作。

后记
决定论和自由意志

我付出了巨大的努力，不忿不偏地（sine ira et studio）从纯科学的角度阐明了我们面临的问题，作为回报，请允许我补充一些个人对这一问题哲学含义的主观看法。

根据前文的论述，一个生物体内的时空事件同它的意识活动、自我意识或任何其他行为相对应，无疑都是（也考虑到它们的复杂结构和公认的物理化学的统计学解释）算作严格决定论或统计学决定论的。对于物理学家，我想强调的是，正与某些人所持的观点相反，在我看来，量子不确定性在这些事件中起不到任何生物学上的相关作用，除了可能通过在减数分裂、自然突变和 X 射线诱发突变等事件中增强纯粹的偶然性——这在任何情况下都是显而易见、公认的。

为了论证方便，让我把决定论视为一个事实，因为我相信，如果没有"宣称自己是一个纯粹的机器"这种众所周知的、令人不快的情绪，每位公正的生物学家都会这样做。因为它与直接的内省所保证的自由意志相矛盾。

但是单凭经验本身，无论它有多么繁杂和不同，在逻辑上都不能相互矛盾。因此，让我们看看能否从以下两个前提假设中得出正确自洽的结论：

（i）我的身体像个纯粹的机器，根据自然定律运行。

（ii）然而，根据无可争辩的直接经验，我知道自己正在指挥身体的行动，我能够预见行动可能带来的决定性的和至关重要的影响，在这种情况下，我觉得我对其承担全部责任。

我认为这两个假设唯一可以得出的推论是，我——最广义的我，也就是说，每一个曾经说过或感觉到过"我"的有意识的头脑——如果有的话，就是根据自然定律控制"原子运动"的那个人。

在特定文化圈（Kulturkreis）中，某些概念（在其他民族中曾经有或仍然具有更广泛的含义）受到限制和专门化，仅用简单的措辞就给出这个结论会有些大胆。用基督教术语来说"因此我是全能的上帝"听起来既亵渎神明又狂妄。但请暂时忽略这些含义，考虑一下生物学家是否能够借助上述推论一次性证明上帝的存在和不朽。

这种见解并不新鲜。据我所知，最早的记录可以追溯到 2500 年前或更久以前。从早期伟大的《奥义书》（Upanishads）① 开始，印度思想中就认为，承认 ATHMAN（我）等于 BRAHMAN（梵）②（个人自我等于无所不在、无所不知的永恒自我）根本不是亵渎神明，而是代

---

① 译者注：《奥义书》是印度最经典的古老哲学著作，用散文或韵文阐发印度最古老的吠陀文献的思辨著作。

② 译者注：ATHMAN 意思是"我"，是婆罗门教、印度教名词，音译"阿特曼"，原意为"呼吸"。被引申为个体灵魂（"生命我"）和世界灵魂（"大我"）或"宇宙统一的原理"；BRAHMAN 意思是"梵"，为印度哲学用语。原意为祈祷、祭祀，引申为祈祷而得的魔力。后专指宇宙的最高存在、最高本体或最高的神（即梵天），是一切事物的主宰和生命的根本。

表了对世间风云变幻最深刻洞察的精髓。吠檀多①的所有学者学会念这句话后，都努力在他们的意识中吸收这一最伟大的思想。

再一次，横跨了许多个世纪的神秘主义者，独立地、但彼此完全和谐地（有点像理想气体中的粒子）描述了他们每个人生命中的独特体验，可以浓缩为一句话：我已成为上帝（DEUS FACTUS SUM）。

尽管叔本华②和其他人主张这种思想，但对于西方意识形态来说，它仍然是一种陌生的东西。那些真正的恋人，当他们看着彼此的眼睛时，就能意识到他们的思想和快乐是一个整体——而不仅仅是相似或相同的。但通常来说，他们在情感上太过杂乱，无法沉浸于清晰的思考，在这方面，他们又很像神秘主义者。

请允许我做进一步评论。人的意识从来没有过多元的体验，只有单一的体验。即便是意识分裂或双重人格的病理情况下，两种意识也都是交替出现的，永远不会同时出现。在梦中，我们确实同时扮演了好几个角色，但并非不加区别：我们是他们中的一员；我们在他身上直接行动和说话，而我们常常急切地等待另一个人的回答或回应，却不知道其实是我们在控制着另一个人的动作和言语，就像控制我们自己一样。

多元意识的概念（《奥义书》作者们强烈反对）是如何产生的？意识发现自己与有限物质区域——身体的物理状态密切相关，并依赖于它（考虑身体发育过程中的意识变化，如青春、年长、衰老等，或者考虑发烧、中毒、麻醉、大脑损伤等对意识的影响）。现在还有很

①译者注：吠檀多，由婆罗门圣经《吠陀》（Veda）和终极 (anta) 两个词组成，意为"吠陀的终极"，也为"吠陀的末尾"，也是对印度教一元论的总称。
②译者注：阿图尔·叔本华（1788—1860）德国著名哲学家，唯意志论的创始人和主要代表之一，认为生命意志是主宰世界运作的力量。

多类似的身体。因此，多元意识或思想似乎是一个很有启发性的假设。也许所有天真单纯的人以及绝大多数西方哲学家都接受了这一点。

这种观点几乎立即就让人发明出了跟身体数量一样多的灵魂的概念，并引出一个问题，即灵魂是否和身体一样必有一死，还是说灵魂可以独立于身体存在，成为不朽。前者令人不悦，而后者则坦率地忘记、忽视或否认多元假设所依据的事实。有人提出了更愚蠢的问题：动物也有灵魂吗？甚至有人怀疑，是否只有男性才会有灵魂。

这些问题虽然只是设想，但也一定会让我们对多元假设产生怀疑，而这个假设其实是所有西方宗教所共有的。如果我们抛弃粗俗的迷信成分，保留关于多元灵魂的朴素想法，但又宣称灵魂会跟着各自的肉体一起消亡来"纠正"这种想法，难道不是更荒唐吗？

唯一可能的选择是只要坚持直接体验就好，即意识是单一的，多元意识是未知的。只有一样东西，虽然看似多元，但其实所有东西都只是由幻觉（印度玛雅①）产生的这样东西一系列不同的方面。镜子画廊可以产生同样的错觉。同样地，高里三喀峰和珠穆朗玛峰不过是从不同山谷看到的同一座山峰罢了。

当然，我们的意识固有一些曲折离奇的夸张念头，妨碍我们接受这种简单的认知。例如，据说我的窗外有一棵树，但我并没有真正看到过那棵树。通过某种巧妙的装置，真正的树将它的影像投射到我的意识中，这就是我所感知到的，但这个装置只探索了最初的、相对简单的几步。如果你站在我身边看着同一棵树，后者也会设法将一个影

---

① 译者注：玛雅（MAJA），意为"魔法"或"幻觉"，是印度教哲学中的一个基本概念，特别是在吠檀多的不二一元论派（Advaita）。玛雅最初表示神可以使人类相信最终是幻觉的魔力。它后来意味着创造宇宙幻觉的强大力量，即现象世界是真实的。

像投射到你的心灵中。我看到了我的树，你也看到了你的树（跟我的树非常像），但我们并不知道树本身到底是什么样的。康德[①]要为这种过度解读问题负责。在将意识视为一个纯然的单一之物（singulare tantum）的众多观念中，它很容易被这样一种说法所取代，即显然只有一棵树，所有影像之类的事都是夸张念头。

然而，每个人都有一个无可争议的印象，那就是他自己的经验和记忆的总和构成了完全不同于其他任何人的一个单元。人们把这个单元称为"我"。那么，这个"我"是什么？

我想，如果你仔细分析它，你会发现它差不多是单一资料（经验和记忆）的集合，像在画布上画下的东西。仔细反思后，你会发现你所说的"我"其实指那些收集资料的容器。你可能会去一个遥远的国度，在这里你看不见你的朋友，也可能几乎把他们都给忘了；你结交了新朋友，就像和之前的老朋友一样，你会和他们一起分享生活。在你过着新生活的同时，你仍然记得过去的生活，但这会变得越来越不重要。你可能会用第三人称来谈论起"年轻时候的我"，其实你正在读的小说的主人公可能都会比"年轻时候的我"更贴近你的内心，形象更为鲜活，而你也更为了解。然而，这一过程没有任何间隔，也没有经历死亡。即便一个熟练的催眠师成功地抹去了你之前所有的记忆，你也不会认为他其实已经杀了你。在任何情况下，都不会有比丧失个人存在的事情更让人哀叹。

将来也不会有。

[①] 译者注：伊曼纽尔·康德（1724—1804），启蒙时代德国著名哲学家，启蒙运动时期最后一位主要哲学家，德国古典哲学创始人。

后记的备注

这里的观点与奥尔德斯·赫胥黎[1]最近出版的《长青哲学》（*The Perennial Philosophy*）中的观点一致。他这本出色的著作（伦敦：查托与温都斯书局，1946 年）不仅非常适合阐明这些观点，而且还说明了为什么它如此难以理解，如此容易遭到反对。

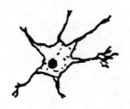

---

[1] 译者注：奥尔德斯·伦纳德·赫胥黎（1894—1963），英国作家。

第二部分

意识与物质

塔纳系列讲座

于 1956 年剑桥三一学院举办

第八章

潜意识的物理学基础

1. 问题提出

世界是由感觉、知觉和记忆绘就的。将其视为独立的客观存在颇为恰当。但世界断然不会仅因其存在就能凸显出自己，而是要以这个世界上特殊部位发生的特殊事件为前提，即大脑中发生的某些事件。这种说法的内涵相当独特，于是便引出了一个问题：有什么特殊的属性可以区分这些大脑的过程并使其表现出这种形式？我们能猜出哪些物质过程具备这种能力，哪些又不具备吗？或者更简单来说：什么样的物质过程与意识直接相关？

理性主义者可能倾向于像下面这样简略地处理这个问题。根据我们自身的经验，以及由此类推到其他高级动物的经验，意识与有组织的生物体中的某些事件密切相关，亦即，与某些神经功能相关。要研究清楚，在动物界，意识最早可以追溯到什么时候或者多"低等"的动物，以及意识的早期阶段什么样，都只能是无端的猜测。无法回答的问题，只能交由那些无所事事的梦想家去揣测。更没有必要沉溺于思考其他事件是否在某种程度上与意识有关，比如无机物中的事件，更别说是全部的物质事件。所有这些都是纯粹的想象，既无法反驳也无法证明，因而对增进人们的知识毫无助益。

无视这个问题的人应该了解，逃避这些问题意味着会在他的理性世界图景中留下大片空白。因为在某些种类的生物体内出现神经细胞和大脑是个十分特殊的事件，人们已经相当清楚其意义和重要性。它是一种独特的机制。通过该机制，个体可以就各类情况做出相应的各种行为，因而，这一机制能够适应不断变化的环境。它是所有同类型机制中最复杂、最巧妙的那一种，无论出现在哪里，它都会迅速占据主导地位。然而，它并非独一无二（sui generis）。大量的有机体，尤其是植物，以完全不同的方式实现了极为相似的功能。

我们是否愿意承认，高等动物进化出神经细胞和大脑这一特殊转折——一个可能终究不会出现的转折——是世界在意识之光中照亮自我的必要条件？否则，世界会不会只是一部没有观众的戏剧，不为人所知，因此可以说根本就不存在？在我看来，这似乎意味着世界图景的破产。但我们不能因为害怕招来高明的理性主义者的嘲讽，就去抑制自己寻求走出僵局的强烈愿望。

斯宾诺莎[1]认为，每个特定的事物或存在都是无限实体的样式，即神的样式。它通过神的属性来表现自己，尤其是广延属性和思维属性。第一个属性是它在空间和时间上的实体存在，第二个属性——就活着的人或动物而言——是他的意识。但对斯宾诺莎来说，任何无生命的实体同时也是"神的思想"，亦即，它也存在于第二个属性当中。斯宾诺莎怀抱一种宇宙万物都是有生命的大胆想法，提出这种大胆的假设尽管不是人类首次，也不是西方哲学的第一次。两千年前的爱奥尼亚哲学家就由此获得了万物有生论者的别称。斯宾诺莎之后，古斯塔夫·西奥多·费希纳[2]毫不犹豫地将灵魂赋予植物，赋予天体地球，赋予行星系统等等。我并不赞同这些幻想，但我更不想评判，究竟是费希纳还是理性主义者会更接近最深刻的真理。

---

[1] 译者注：巴吕赫·德·斯宾诺莎（1632—1677），著名的荷兰哲学家。
[2] 译者注：古斯塔夫·西奥多·费希纳（1801—1887），德国物理学家、实验心理学家、心理物理学、实验美学的创始人。

2. 初步回答

一切旨在扩展意识领域的尝试，比如提问说此类事件是否可能与神经过程以外的其他过程有合理的联系，都必定会陷入未经证实和无法证实的猜测中。但当我们朝相反的方向尝试，会拥有更为可靠的理论基础和逻辑依据。并非每一个神经过程或每一个大脑活动都伴随着意识。尽管在生理学和生物学上，这些过程与"有意识"的活动非常相似，但它们当中不少其实并非如此。那些与"有意识"活动类似的过程通常由传入冲动和传出冲动组成，并且具有调节反应和计时反应的生物学意义，部分是针对内部系统，部分是针对不断变化的外部环境。首先是脊椎神经节和它们控制的神经系统的反射动作。但同时还（这一点我们将进行专门研究）存在许多确实通过大脑的反射过程，但无法归入意识领域。因为在后一种情况下，区别并不突出。人们会处于完全有意识和完全无意识的中间状态。通过研究生理上相似的过程的各类代表性事件，所有这些过程都在人体内发挥作用，经由观察和推理应该不难得出我们正在寻找的显著特征。

我认为，通过以下人们熟悉的事实能找到关键所在。当同一系列事件以同样的方式频繁出现时，我们参与其中的感觉、知觉，以及可能的行为，都会逐渐从意识领域中脱离。但是，如果在重复过程中，时机或环境条件不同于之前发生的全部事件，这样的事件就会立即被投向意识领域。尽管如此，最先就只有那些变化或"差异"会侵入意识领域，将新的事件与过往事件区分开来，因此需要引起人们"新的考虑"。对于这一切，我们每个人都可以根据个人经验举出几十个例子，所以我现在就不一一列举了。

意识的逐渐淡出对我们精神生活的整个结构极为重要，后者完全建立在通过重复获得经验的过程上，理查德·西蒙[①]将这个过程一般化为记忆（Mneme）[②]的概念，我们后续将对此做进一步讨论。永远不会重复的单一体验并没有生物学意义。只有在学会对反复出现的情况做出适当的反应时才能体现出生物学的价值，这些情况大多以周期性形式出现，如果有机体保持在同一条件下，那必然要对同样的情况做出同样的反应。根据我们自己的经验，我们知道以下内容。在最初的几次重复中，脑海中会出现一个新的元素，即理查德·阿芬那留斯[③]所说的"已经遇到"或"已知"。在频繁的重复中，一连串的事件变得越来越像例行公事，变得越来越无趣，随着它们从意识中消失，相应的反应也变得越来越可靠。就像男孩朗诵诗歌，女孩弹奏钢琴奏鸣曲"几近入梦"。当我们沿着惯常的路线去工作室，会在惯常的地方穿过马路、拐进小巷等等。而我们的思想却被完全不同的事物占据着。可是一旦情况出现差异——比如，我们过去常走的路，突然需要绕道而行了——这种差异和我们需对此做出的反应就会侵入意识，但如果它成为一个不断重复的变化，很快就会再次从意识中消失。路径中的节点会不断

① 译者注：理查德·沃尔夫冈·西蒙（1859—1918），德国动物学家和进化生物学家，是一位记忆研究者，他相信获得性遗传并将其应用于社会进化。
② 译者注：Mneme（谟涅墨）是古希腊神话中主管记忆的缪斯女神，西蒙用这个词表示外部到内部体验的记忆，由此生成记忆印记。
③ 译者注：理查德·海因里希·阿芬那留斯（1843—1896），德国哲学家，经验批判主义创始人之一。

出现变化，分岔路由此形成，并以同样的方式固化为我们惯常的路径。如果我们经常去大学的报告厅或物理实验室，那么就可以不假思索地选择正确的岔路口直接去那里。

通过这种方式，差异、不同反应、分岔等等以无可估量的数目一一堆叠起来，但唯有生命物质仍处于学习或实践阶段的那些新近变化还保留在意识领域。有人可能会比喻说，意识是监督生命物质训练的老师，但会让学生独自处理已经接受过充分训练的一切任务。但我想再三强调，上面只是一种隐喻。实际上，新的情况及其引发的新的反应都是在意识指引下进行的，而面对以前发生过的驾轻就熟的情况，意识就不再介入了。

日常生活中成千上万的操作和行为都至少需要人们相当用心和精心地去学习一次。以婴孩第一次蹒跚学步为例，这些尝试位于意识的焦点，婴孩会为成功跨出的第一步欢呼雀跃。成年人系上靴子的鞋带，打开灯，晚上脱下衣服，用刀叉吃饭，等等，这些行为也曾经过一番学习才掌握，但现在他可以一边做前面提到的这些事一边思考问题，丝毫不受影响。但这偶尔也会带来可笑的失误。有个著名数学家的故事，他家举办了一场晚宴，客人们已经到齐了，但他妻子却发现他躺在床上，灯也都关了。发生了什么事情？原来他去卧室换上了新的衬衫领子。但是，仅仅是摘下旧衣领的动作，便在这个数学家的潜意识里释放出一连串习以为常的动作。

在我看来，这类我们个体发育（ontogeny）中为人熟知的整个状态，似乎揭示了无意识神经过程的系统发育（phylogeny），比如心跳、肠蠕动等。在几乎恒定或规律变化的情况下，它们被准确、可靠地练习着，因此早已从意识领域消失。在这里，我们也发现了中间等级，例如呼吸通常在无意识中进行，但可能由于情况变化，例如在烟雾弥漫的空气中或在哮喘发作时，呼吸会变成有意识的行为。另一个例子是因悲伤、喜悦或身体疼痛而号啕大哭，这类事件虽然有意识，但很难受意志的左右。此外，还有属于记忆的遗传特性，不时会出现滑稽的表现，比如恐惧导致毛发竖立，过度兴奋导致唾液停止分泌，这些反应在过去肯定有其积极意义，但如今在人类身上已经失去了意义。

我不确定是否所有人都会同意将这些概念扩展到神经过程以外的领域。目前我只想简单提示一下，尽管对我个人来说，这是最重要的一点。因为这种一般化正好阐明了我们一开始研究的问题：哪些物质事件与意识相关或伴随着意识发生，而哪些物质事件又不是这样的？我建议的回答如下：前面我们已经陈述并证明的神经过程的特征，一般来说也是器官活动的特征，亦即，只要这些过程是新的，就会与意识相关联。

在理查德·西蒙的观点中，个体发育不仅是大脑发育，而且是整个身体的发育，它是一系列事件"良好记忆"的重复，这些事件已经以几乎相同的方式重复了千万次。我们通过自己的经验可知，个体在最初的阶段里并无意识——首先是在母亲的子宫里；接下来的几周和几个月里，个体也大多是在睡眠中度过的。在此期间，婴儿会逐渐演变出独自的习惯，过程中，婴儿遇到的情形会视情况有所不同，但差异通常很小。由于一些器官逐渐与环境相互作用，随后意识伴随器官调节自身功能而出现，以使其功能可以适应环境的变化，受到环境影响，接受训练，并以特殊方式被环境改变。像我们高等脊椎动物，主要在神经系统中就拥有前面所说的器官。所以，意识和这一器官的功能有关，这些功能通过我们所说的经验来适应不断变化的环境。神经系统是我们这个物种仍在进行系统发育转化的地方。比方来说，它就像是植物茎的"植物顶部"。我将我的一般假设总结为：意识与生物体的学习有关，但它知道怎么做却没意识到自己知道。

3. 伦理学

最后这段话对我来说十分重要，但对其他人来说可能会比较困惑，但即便没有这段内容，我前面论述的意识理论似乎也可以为科学理解伦理学铺平道路。

在所有的时代、任何的民族中，每一个需要重视的道德准则（Tugendlehre）都一直是而且只是自我否定（Selbstüberwindung）。伦理学的教义总是呈现出一种要求、挑战、"你应该"的形式，这种形式在某种程度上与我们原始的意志相悖。"我愿意"和"你应该"之间的这种反差从何而来？我被要求压抑我原始的欲望、否定真实的自我，与我的本来面目不同，这难道不是很荒谬吗？相比其他时代，如今也许更能时不时能听到对这种要求的嘲讽。"我就是我，给我的个性留出空间！让我与生俱来的欲望自由生长！所有拿'你应该'来对抗我的天性的要求都是无稽之谈，跟冒牌牧师的话没啥两样。上帝就是大自然，大自然可以把我塑造成她所希望的样子"。人们偶尔会听到这样的口号。要驳斥他们毫不隐讳的抗议并不容易。康德的命令是绝对非理性的。

　　但幸运的是，这些口号的科学基础破烂不堪。我们对有机体"形成"（das Werden）的洞察很容易让人理解，意识生命并不是说应该是，而实际上必然是一场与原始自我的持续斗争。对于自然自我来说，原始意志及其与生俱来的欲望通常是从我们祖先那里获得的物质遗产的精神关联。作为一个物种，人类正在发展，走在各个时代的前沿。因此，人类生命中的每一天都代表着人类进化的点点滴滴，这一过程仍在如火如荼进行中。诚然，一个人一生中的一天，甚至任何个人的一生，都不过是在未完成的雕像上的一次小小的凿击罢了。但人类在过去历经的整个巨大演变，也是由无数次如此细微的凿击所带来的。这种转变的素材，以及转变发生的前提，当然是可遗传的自发突变。然而，突变携带者的行为及其生活习惯，对于突变的选择具有突出的重要性和决定性作用。否则，即便在漫长的时间里，我们也无法理解物种的起源以及选择所表现出来的定向趋势，毕竟我们相当清楚时间是有限的。

　　因此，我们生命中的每一天、每一步，我们在此前所拥有的某种特征都会变化，因为它们会被克服，被删除，被新的特征所取代。我们原始意志的抵抗是现有特征与"转变凿子"相抵抗的心理关联。因为我们自己就是凿子和雕像，既是征服者，也是被征服者——这是一种真正持续的"自我征服"。

　　与个体生命的短暂时间以及历史时期相比，群体进化过程的速度是极其缓慢的，因此认为它应该直接而显著地与意识相关联，这难道不荒谬吗？它不是只在不知不觉中进行的吗？

不是的。根据我们之前的思考，情况并非如此。我们最终认为，生理活动通过与不断变化的环境相互作用而转变，意识仍与这类生理活动有关。此外，我们得出的结论是，只有那些仍处于训练阶段的变化才会进入意识，很长一段时间后，它们也会成为许多物种遗传上固定、训练有素和无意识的财富。简而言之：意识是进化领域的一种现象。这个世界只有在它发展、产生新形式的地方才会照亮自己。而停滞不前的地方会从意识中消失，可能只会与进化位置相互作用时，意识才会再次出现。

如果这一点毋庸置疑，那么意识与自我的失和密不可分，甚至可以说，两者彼此成正比。这听起来有些矛盾，但各个时代、各个民族中最有智慧的人都证实了这一点。对人类来说，这个世界被一种异常明亮的意识之光照亮，他们通过生活和语言，形成和改变了我们称之为人性的艺术作品，通过演说、文字甚至生命，证明他们被内在不和的痛苦所撕扯。这对同样遭受痛苦的人来说是一种慰藉。没有这种内在不和，就不会创造出持久的东西来。

请不要误解我的意思。我是一名科学家，不是一个思想品德老师。不要误以为我想把人类朝着更高目标发展的想法作为传播道德准则的有效动机。这是不可能的，因为这是一个无私的目标和动机，因此，要被人接受就已经是以美德为前提了。同其他人一样，我无法解释康德绝对命令①中的"应该"。最简单的一般形式的道德准则（无私！）显然是一个事实，它就在那里，甚至获得了绝大多数不经常遵守它的

---

① 译者注：绝对命令，又译为定言命令，出自18世纪德国哲学家、批判哲学创始人伊曼努尔·康德的伦理学，指对所有行为主体无条件或绝对的行为规则，其有效性或主张不依赖于任何愿望或目的。

人的认同。我认为它令人费解的存在表明，人类正处于从利己主义到普遍利他主义的生物转变的开端，人类即将成为社会性动物。对于独居的动物来说，利己主义是一种倾向于保护和改善物种的优点，但在任何类型的群体社会，它都会成为一种破坏性的恶习。一种动物开始形成群落时，如果没有极大程度限制利己主义，就会导致该物种的灭亡。系统发育更早的群落，如蜜蜂、蚂蚁和白蚁，已完全放弃了利己主义。然而，它的下一个阶段，民族利己主义或民族主义，仍在轰轰烈烈进行着。比如，蜜蜂会毫不犹豫地杀了进错蜂巢的工蜂。

在人类身上，某种不同寻常的情况正开始崭露头角。在第一个变化还没有完成之前，在这一变化上就可以看到类似面向第二个变化的清晰痕迹。虽然我们仍然是强有力的利己主义者，但我们中的许多人开始意识到，民族主义也是一种应该摒弃的恶习。这里可能会出现一些非常奇怪的东西。第二步是平息不同民族间的斗争，由于第一步远未实现，所以利己主义动机仍具有强烈的吸引力，反倒会促进第二步的达成。我们每个人都受到可怕的新型侵略武器的威胁，因此都渴望世界和平。如果我们是蜜蜂、蚂蚁或斯巴达战士，那么对于我们来说，就不存在个人恐惧，懦弱会是世上最可耻的事情，那么战争将永远持续下去。但幸运的是，我们只是人而已——而且都是懦夫。

对我来说，这一章的思考和结论由来已久，可以追溯到三十多年前。我从未忘记过它们，但我非常担心这些思考和结论可能会被大家驳斥，因为它们似乎是基于"后天获得性遗传"的，换句话说，是基于拉马

克学说 ①。这一基础很难让人接受。然而，即便拒绝后天获得性遗传，亦即，接受达尔文的进化论，我们也会发现物种的个体行为对进化趋势有着非常重要的作用，因此可以佯装成一种伪拉马克主义。下一章会用权威人士朱利安·赫胥黎的观点对此做出解释。但下一章主要着眼于另一个稍微不同的问题，而不仅仅是为了支持上述观点。

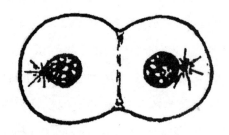

---

① 译者注：拉马克学说是一种生物学理论。19 世纪初期，法国生物学家拉马克继承和发展了前人关于生物不断进化的思想，大胆鲜明地提出了生物是从低级向高级发展进化的学说。

第九章

认识的未来 ①

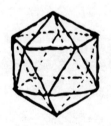

———————————
① 本章内容于 1950 年 9 月在英国广播公司（BBC）欧洲部以三次系列讲话的形式首次播出，随后又被收录到《生命是什么》及其他文章（纽约：双日出版社，铁锚图书系列 A88）中。

1. 生物学上的死胡同?

我相信,在人们看来,我们目前对于世界的理解不太可能代表任何确定的或最后的结论,或在所有方面都是最大限度或最佳的理解。我这样说并不单意味着在各类科学、哲学研究和宗教努力方面的进一步研究可能会增强和改善现有的看法。而是在接下来的,比如说 2500 年里,以这种方式获得的成果(根据自普罗塔哥拉、德谟克利特和安提西尼①以来取得的成就估计)可能与我在这里指出的成果相比根本就微不足道。没有理由相信,我们的大脑是反映世界至高无上的思想器官。其他物种很有可能也有这样一个类似的器官,其反映的世界的图像与人类大脑的反映图像相比,就像人类大脑的反映图像之于狗的大脑反映的图像,或者这种物种大脑反映的图像之于蜗牛大脑反映的图像。

如果这样,那么(尽管这在原则上与我们的论题并不相关)出于个人原因,我们会对此感兴趣,我们的后代或我们中部分人的后代能否在地球上达成类似的目标。地球年富力强,它完全可以为这种事件发生提供场地,在人类可接受的生活条件下仍然可以运行很久,大约至少能持续从最早开始发展到现在所用的时间(比如 10 亿年)。但我们自己会安然无恙吗? 如果我们接受了目前的进化论——我们目前没有更好的理论——那么人类未来几乎不会再有任何发展了。人类是否还会发生进化? 我的意思是说,我们身体的相关变化是否会逐渐固定

①译者注:普罗泰戈拉(约公元前 490 或 480—前 420 或 410),古希腊哲学家,智者派的主要代表人物。德谟克利特(约公元前 460—公元前 370),古希腊唯物主义哲学家,原子唯物论学说创始人之一。安提西尼(公元前 445—公元前 365),古希腊哲学家。

为遗传特性，就像我们现在的身体被遗传固定一样——用生物学家的术语来说就是遗传型改变？这个问题很难回答。我们可能正在走向一条死胡同的尽头，甚至可能已经走到了尽头。这不是一件新鲜事，也不意味着人类将很快灭绝。从地质记录中我们了解到，有些物种甚至是大型群体似乎在很长一段时间以前就已经走到了进化的尽头，但它们并没有灭绝，而是在数百万年里保持不变，或没有发生重大变化。例如，乌龟和鳄鱼就是非常古老的物种，它们保留着遥远过去的痕迹；我们还得知，昆虫或多或少都面临同样的困境——它们的物种数量比动物界其他所有物种加起来的数量还要多。但在数百万年时间里，它们几乎没有发生什么变化，而与此同时地球上其他地方的生命早已焕然一新。阻止昆虫进一步进化的可能是——它们采用了这个方案（你不会误解这个比喻性的表述）——它们采用了把骨架露在体外而不是像我们这样藏在体内的方案。这种外部盔甲除了提供力学稳定性外还能提供保护作用，但在出生到成熟期间不能像哺乳动物的骨骼那样生长。这种情况必然会使个体在生命史中很难逐渐适应变化。

　　就人类而言，有几个论据似乎不利于进一步的进化。根据达尔文的理论，自发性遗传变化（现在称为突变）是一种自动选择的"有利"变异，但如果变异会发生，通常也只是微小的变化，只会带来一点点益处。这就是为什么在达尔文的推论中，物种进化必须付出巨大的代价，才可能有极少数后代存活下来。因为只有这样，生存机会的微小改善才有实现的合理可能性。这整个机制似乎在文明人身上被阻断了——在某些方面甚至被逆转了。一般来说，我们不愿意看到自己的同胞受苦和惨死，因此我们逐渐引入了法律和社会制度，一方面保护生命，惩处有计划的杀婴，努力帮助每个生病或脆弱的个体生存；另一方面，人类必须通过将后代数量限制在现有生计范围内，来取代自然淘汰不适应生存的人。这种平衡是通过节育等直接方式实现的，也可以通过阻止相当大比例的女性生育来实现。我们这一代人非常清楚，有时候疯狂的战争以及随之而来的一系列灾难和疾病都会为维持这种平衡。数以百万计的成年男女和儿童死于饥饿、寒冷和流行病。虽然在遥远的过去，小部落或氏族之间的战争被视为具有积极的选择价值，虽然在历史上它是否真的发挥过这种作用值得怀疑，但目前的战争显然不具备这样的价值。这意味着不分青红皂白的杀戮，就像医学和外科手术的进步尽力拯救生命一样。战争和医学在我们看来作用完全相反，但它们似乎都没有任何选择价值。

2. 达尔文主义呈现的黯淡前景

这些思考表明，作为一个发展中的物种，人类已经停滞不前，几乎没有生物学进步的可能性。即便如此，我们也不必为此烦恼。我们可能会在没有任何生物学变化的情况下继续生存数百万年，就像鳄鱼和很多昆虫一样。然而，从某种哲学角度来看，这个想法令人沮丧，我想试着提出一个相反的理由。为了做到这一点，我要着手论述进化论的特定方面，我在朱利安·赫胥黎教授著名的《进化论》[①] 著作中发现了这一理论支持，在他看来，最近的进化论者并不总是充分理解这方面论点。

由于有机体在进化过程中表现出明显的被动性，对达尔文理论的

① 《进化论：现代综合》（*Evolution: A Modern Synthesis*）乔治·艾伦和安温公司出版，1942 年。

流行论述往往会让你陷入悲观和沮丧的看法中。突变在基因组（"遗传物质"）中自发发生。我们有理由相信，这主要归因于物理学家所说的热力学涨落——换句话说，纯粹的偶然性。个人无法影响从父母那里获得的遗传宝库，以及留给后代的基因。发生的突变通过"适者生存的自然选择"发挥作用。这似乎再次意味着纯粹的偶然性，意味着有利的突变增加了个体存活和繁育后代的可能性，并将相应突变传递给后代。除此之外，它一生中的活动似乎与生物学无关。因为这些都不会对后代产生影响：后天获得的性状无法遗传。任何后来习得的技能或训练都会消失，不会留下任何痕迹，会随个体的死亡而灭失，无法传递。在这种情况下，聪颖的人会发现，大自然的无情——大自然总是拒绝与之合作，个体注定无所作为，甚至陷入虚无主义中。

如你所知，达尔文的理论并不是第一个系统的进化论。之前还有拉马克理论，该理论完全基于这样一个假设，即个体在生育之前因特定环境或行为而获得的任何新特征，如果不能完全传递，通常至少能以某些痕迹的形式传递给其后代。因此，如果生活在岩石或沙土上的动物在脚底长出了保护性的老茧，这种老茧就会逐渐遗传下去，这样后代就可以直接获得这个遗传特征，而不必费劲地习得。同样，任何器官因持续用于某些目的而产生的力量、技能，甚至实质性的适应，也不会丢失，而是至少可以部分传递给后代。这一观点不仅让我们简单了解到，对环境的适应相当复杂和具体，这是所有生物的特点。而且它也很美妙，令人欢欣鼓舞和振奋。与达尔文主义明显的消极悲观相比，它更具吸引力。基于拉马克理论，自认为是进化长链中一环的智慧生命，可能会自信地认为，它为提高自身的身体和精神能力而进行的努力和尝试不会没有生物学意义，而是会构成物种朝着越来越完美而做出努力的一个小而完整的部分。

不幸的是，拉马克主义站不住脚。它所依据的基本假设，即获得的特性可以遗传是错误的。据我们所知，这类特性无法遗传。进化的单个步骤是自发和偶然的突变，与个体在其一生中的行为无关。因此，我们似乎又回到了上面描述的达尔文主义的阴暗面。

3. 行为影响选择

现在我想告诉你们，事实并非如此。在不改变达尔文主义基本假设的情况下，我们可以看到，个体的行为及其利用先天能力的方式在进化中发挥着重要作用，不，应该说是在进化中发挥着最重要的作用。拉马克的观点中有个非常准确的核心，即在一个性状——器官、特性、能力或身体特征——的功能实际被用于有利的用途，以及它在几代人的生活的过程中得到发展，并逐渐为其有利的用途而改进之间，存在着不可分割的因果关系。我认为，被利用和被改进之间的这种联系是对拉马克理论的正确认知，它存在于我们目前的达尔文主义观点中，但如果仅从表面上理解达尔文主义就很容易忽视这一点。事件的过程似乎表明拉马克主义是正确的，只是事情发生的"机制"比拉马克想象的要复杂。这一点不太容易解释或掌握，提前总结结论可能会有所帮助。为了避免含糊不清，让我们想象一个器官，可能是任何特性、习惯、技巧、行为，甚至是对这一特征任何细微的补充或改变。拉马克认为器官（a）被使用，（b）因此得到了改进，（c）改进被传递给后代。这是错误的。我们认为，器官（a）经历了偶然变化，（b）选择积累或至少强化了有利改变，（c）有利的改变代代相传，被选择的突变构成了持久的进化。根据朱利安·赫胥黎的说法，拉马克主义与达尔文观点最惊人的相似发生在启动这一过程的初始突变不是真正的突变（也不是可遗传类型的突变）。然而，如果突变有利，可能会被他所说的器官选择所强化，可以说，当它们碰巧出现在"理想"方向上时，就为真正突变的到来奠定了基础。

现在让我们聊一些细节。最重要的一点是要明白，通过变异、突变或突变加上一些小的选择而获得的新性状或性状的改变，可能很容易引起生物体与其环境相关的活动，从而增加该性状的有用性，"控制"对其的选择。通过拥有新的或改变了的性状，个体可能会改变其环境——要么改变，要么迁移——或者可能会根据环境改变自己的行为，所有这些都会以某种方式极大增强新性状的有用性，从而加速其在同一方向上进一步选择性地改进。

你可能会觉得这种断言过于大胆，因为它似乎需要个体具备较高的目的性以及高度的智慧。但我想指出的是，虽然我的论述的确包括了高等动物智慧、有目的性的行为，但绝不局限于高等动物。让我举几个例子：

种群中个体的生长环境并不完全相同。野生植物的花，有的生长在阴暗处，有的生长在阳光明媚的地方；有的生长在高高的山坡上，有的生长在低处或山谷中。一种突变（比如多毛的叶子）在高海拔地区是有利的，在高海拔区域会受到选择的青睐，但在山谷中会"消失"。这种效果与多毛突变体迁移到有利于同一方向发生进一步突变的环境中效果相同。

另一个例子是：鸟类凭借飞行能力在树上筑巢，因而幼鸟在树上不易被天敌捕杀。首先，那些具备飞行能力的鸟类有选择优势。接着，鸟巢这种住所势必会从幼鸟中挑选出精通飞行的个体。因此，特定飞行能力会改变环境，或改变对环境的行为，以有利于相同能力的积累。

生物最显著的特征是，它们被划分为物种，其中许多物种专注于特殊的、往往是灵巧的性能，它们尤其依赖这些性能生存。如果动物园里能观察昆虫的生命史，那它就更会像是个新奇的展览。非特化是例外。规则是特化存在于"如果不是大自然创造的，没有人会想到"的独特学习技巧中。很难相信它们都是达尔文理论所指"偶然积累"的结果。无论如何，外在力的作用或趋向会将其带离"平淡朴素"，转向复杂。"平淡朴素"似乎代表着一种不稳定的状态。背离它会激发新的力量——看起来是这样——朝着同一个方向进一步背离。如果某一特定的技巧、机制、器官和有利行为的发展是由一长串相互独立的偶然事件产生的，并且人们习惯于按照达尔文的原始概念来思考前述问题，那么就很难想明白。其实我相信，这种结构只源于那些"在某个方向上"的第一个小开始。这种开始会为自身营造一种通过选择"锤打可塑材料"的环境，使之越来越系统地朝着一开始就获得的优势的方向发展。比方来说：物种已经发现了它生命中机会所在的方向，并沿着这条道路继续前进。

4. 伪拉马克主义

我们尝试用一般化的方式来理解，用非万物有灵论的方式来表达。偶然突变赋予了个体有利于其在特定环境中生存的某种优势，它应该如何利用这一点来发挥更大的作用，即利用环境的选择性作用来增加有利突变的机会，从而专注于自身的发展呢？

为了揭示这一机制，我们将环境分为有利环境和不利环境的集合。第一类是食物、水源、住所、阳光和其他东西，第二类是来自其他生物（敌人）、毒药和恶劣环境的威胁。为了简单起见，我们将第一类称为"必需品"，第二类称为"危害品"。不是所有必需品都能得到满足，也不是所有危害品都能避免。但是，面对最易获得的资源，生物必须掌握在避免最致命的危害品和满足最迫切的必需品方面做出妥协的行为，只有这样它才能生存下来。有利的突变使某些资源更容易获得，或者会减少来自某些敌人的威胁，或者两者兼而有之。所以，有利突变会增加获得这种能力的个体的生存机会，但此外，因为它改变了自身所有的必需品或危害品的相对权重，因而它也改变了最有利的妥协方案。那些因偶然或智力而相应改变行为的个体将更受青睐，从而被选择。这种行为的改变不能通过基因遗传直接传递给下一代，但这并不意味着它就不会传递下去。最简单、最原始的例子是"我们的花卉（其栖息地在绵延的山坡上）生长出了一种多毛的突变体"。这些多毛突变体主要分布在山顶区域，它们将种子散播在这些地区，这样下一代"多毛体"整体而言就"爬上了山坡"，可以说"更好地利用了它们的有利突变"。

总之，我们要记住，整个情形是动态发展的，斗争相当激烈。如果繁殖能力特别强的物种，其总数没有显著增加，那么其生存过程中危害品的数量通常会远高于必需品，当然单个个体的生存是个例外。此外，危害品和必需品经常相伴相生，因此只有勇敢地面对某个危害品，才能得到紧迫的必需品（例如，羚羊得到河边饮水，但狮子同样熟悉这条河）。危害品和必需品的总体模式错综复杂地交织在一起。因此，对于那些勇敢面对这种危险从而避免其他危险的突变体来说，通过特定的突变稍微减少某种危险可能会产生极大的影响。这可能会导致遗传特性以及（有意或无意）使用这种特征的技能的一个明显的选择。从广义上讲，这种行为是通过示范、学习传递给后代的。行为的转变反过来又会增强同一方向上进一步突变的选择价值。

这展现出来的效果可能与拉马克形容的机制非常相似。虽然后天习得的行为和由此产生的身体变化都不会直接传递给后代，但行为在这一过程中具有重要的作用。但因果关系其实跟拉马克想的不一样，而是恰恰相反的。这并不是说这种行为改变了父方和母方的身体，并通过遗传物质改变了后代的身体。父方和母方身体的变化通过选择直接或间接地改变了它们的行为，而这种行为的改变，无论是通过示范、教授，还是更原始的方式，都会随着染色体组携带的性状变化一起传递给后代。不仅如此，即使性状变化还不是一种可遗传的变化，"通过教授"诱导行为的传递可能也会是一种高效的进化因素，因为它为接收未来的可遗传突变打开了大门，并准备好充分利用这些突变，从而使它们受到更专注的选择。

5. 习惯与技能的遗传固定

有人可能会反对说，我们这里描述的情况只可能偶尔发生，但不能无限期持续形成适应性进化的基本机制。因为行为的改变本身并不是通过身体遗传，也不是通过遗传物质染色体来传递的。因此，它起初肯定不是遗传固定的，很难看出它应该如何纳入遗传宝库。这本身就是一个重要的问题。因为我们确实清楚，习惯是遗传的，举几个显著的例子：比如鸟类筑巢的习惯，在狗猫身上观察到的各种清洁习惯。如果不能按照正统的达尔文学说来理解这一点，将不得不抛弃达尔文主义。这个问题在应用于人类时具有独特的意义，因为我们希望在相当严格的生物学意义上推断出，一个人一生中的奋斗和劳动构成了对物种发展的整体贡献。简而言之，我认为情况大致如下。

　　根据我们的假设，行为的变化与身体的变化同时发生，首先身体变化是偶然变化的结果，但很快会将进一步的选择机制引导到特定的方向，因为行为利用了第一个基本优势，只有在同一方向上的进一步突变才具有选择价值。但是，随着新器官不断发展，行为与新器官的联系越来越紧密。行为和身体融为一体。如果你拥有灵巧的双手而不拿这双手来实现你的目标，它们就会妨碍你。如果不尝试飞行，你就无法拥有可以飞翔的翅膀。如果你不去模仿周围的声音，你就不可能拥有一个精致的发音器官。区分拥有器官和使用器官的冲动，并通过实践提高其技能，将它们视为有机体的两个不同特征，是一种通过抽象的语言实现的人为区分，但在自然界没有对应物。当然，我们不能认为"行为"终究会逐渐侵入染色体结构（或诸如此类），并在那里获得"位点"。正是这些新器官本身（它们确实在遗传学上是固定的）带来了使用它们的习惯和方式。如果有机体一直没有适当地利用器官来辅助选择，那么选择就无法"生产"新器官。这相当必要。因此，这两件事完全同时发生，并且最终，或者其实在每个阶段，都会在遗传上被基因固定下来：一个用过的器官——拉马克似乎是正确的。

将这一自然过程与人类制造仪器进行比较特别具有启发性。乍一看，两者似乎有鲜明的区别。假设我们要制造一台精密的机械装置，如果我们非常急躁，并试图在完工之前一次又一次使用它，大多数情况我们会破坏掉它。人们倾向于说，大自然的方式不同。它在制造新的有机体及其器官时，需要不断使用、探究、检查其效率。但实际上这种类比并不对。人类制造仪器就相当于个体从种子到发育成熟的成长过程。这一过程很多干扰因素是被限制的。幼年个体需要受到保护，在它们获得物种的全部力量和技能之前，不能让它们立马投入使用或发挥作用。例如，可以通过自行车的历史展览来说明生物体进化发展的真正共同点，展示这台机器是如何年复一年、十年如一日地逐渐变化的，或者火车、汽车、飞机、打字机等也是以同样的方式变化。就像在自然过程中一样，这里的机器应该被连续使用，从而得到改进；并不是字面上通过使用来改善，而是通过获得的经验和变更建议来改善。顺便提一句，这辆自行车也展现了前面提到的古老有机体的情况，自行车已经达到了最完美的状态，因此基本上已经完全停止了进一步的变化。但它还没有灭绝！

6. 智力进化的危险

现在让我们回到本章的开头。我们是从这个问题开始的：人类是否可能有进一步的生物学进化？我认为，我们的讨论突出了两个相关问题。

首先是行为在生物学上的重要性。通过顺应先天能力和外部环境，并适应其中任一因素的变化，行为虽然本身不能遗传，但仍可能将进化过程加速几个数量级。在植物界和低等动物界，适当的行为是由缓慢的选择过程带来的，换句话说是反复试错，但人类的高智商使其能够通过选择来做出适当的行为。这一不可估量的优势可能很容易弥补人类繁育速度慢且个体生育数量相对少的缺点，后者还可以避免其后代数量超过环境可容纳生计数量这一生物学上的危险。

第二点，关于人类是否仍然可以指望生物学进化的问题，这与第一点密切相关。在某种程度上，我们得到了完整的答案，亦即，这取决于我们自己和我们的行动。我们不能坐以待毙，相信一切都是由不可抗拒的命运决定的。如果我们想要进化，那就必须为此做点什么。如果不想，那就放任不管。政治和社会发展以及一连串历史事件不是命运的旋转门强加给我们的，而很大程度上取决于我们自己的行动，因此，我们的生物学未来，作为一种在大时空范围内的历史过程，绝不能被视为任何自然定律预先决定的不可改变的命运。不管怎样，就算有个更高级的存在看着我们这些剧中人，也并不会像我们看鸟和蚂蚁那样。无论在狭义还是广义上，人类之所以倾向于将历史视为一种命中注定的事件，并且被无法改变的法则和定律左右，原因不言而喻。这是因为每个个体都觉得自己在这件事上几乎起不了任何作用，除非他能让其他人接受自己的意见，并说服他们相应调整自己的行为。

至于确保我们生物学未来所需的具体行为，我只会提到我认为最重要的一般性观点。我认为，我们目前正处于错过"通往完美之路"的极大危险之中。综上所述，选择是生物学发展不可或缺的必要条件。如果选择被完全排除，发展就会停滞，不，它可能还会倒退。用朱利安·赫胥黎的话来说："……退化性（失去）突变将导致器官退化，当器官变得无用时，选择相应就不再作用于它以使其合乎进化的标准。"

现在我相信，大多数制造过程的日益机械化和"愚蠢化"使我们的智力器官陷入普遍退化的严重危险中。随着手工业的衰退和生产线上单调乏味的工作的普及，头脑聪明的工人和反应迟钝的工人生存机会变得没有差别，那么聪明的头脑、灵巧的双手和敏锐的眼睛就会显得多余。的确，无知的人更容易适应枯燥劳作，因而更加受到青睐，他可能会发现自己更容易生存、安顿下来并繁育后代。结果就相当于对天赋和才能的负选择。

现代工业生活带来的弊端，促使社会制定了某些旨在缓解这类弊端的制度，例如保护工人免受剥削和失业，以及许多其他福利和安全措施。这些制度被视为是有利的，并且已成为现代工业生活不可或缺的组成部分。但我们仍然不能忽视这样一个事实：通过减轻个体照顾自己的责任，并使每个人的机会均等，往往会消除人才竞争，从而严重阻碍生物进化。我意识到，这一点颇具争议。有人可能会提出强有力的理由，即对现有福利体系的关切必然会胜过由此引发的对未来进化的焦虑。但侥幸的是，根据我的主要论点，福利带来的益处与其对进化的阻碍，两者是一起出现的。除了贫穷，无聊已经成为我们生活中最痛苦的根源。与其让我们发明出来的灵活的机器生产出越来越多的过剩奢侈品，倒不如去进一步发展它，让它帮助人类摆脱所有不智能、机械、"机器式"的工作。机器应该接替人类已经十分熟练的工作，而不是像现在经常做的那样，让人类去接手那些用不起机器的工作。虽然这不会降低生产成本，但会让从事生产的人更快乐。只要世界各地大公司、大企业之间的竞争依旧存在，这一目标实现的希望就极其渺茫。但这种竞争既乏味，又毫无生物学价值。我们的目标应该是恢复人类之间有趣而智慧的竞争。

第十章

客观化原理

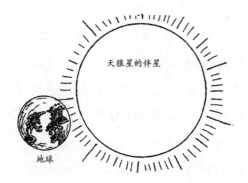

天狼星的伴星

地球

　　九年前，我提出了构成科学方法基础的两个一般原理，即大自然的可理解性原理和客观化原理。从那以后，我就会时不时提到这个话题，最后一次是在我的小册子《自然与希腊人》（*Nature and the Greeks*）[①]里。我想在这里详细讨论第二个原理，即客观化原理。在我表达自己的意思之前，请先让我消除一个可能会出现的误解，因为我从那本册子的几个评论中了解到存在误解，虽然我觉得打一开始我就已经解释得很清楚了。有些人以为我打算制定应该作为或至少公正和正确作为科学方法制定基础的基本原理，并且应该不惜一切代价坚持这些原理。其实完全不是这么回事儿，我过去坚持现在也依然认为这两个原理就是古希腊人的遗产，所有的西方科学和科学思想都起源于此。

　　这种误解并让人吃惊。如果你听到一位科学家宣布科学的基本原理，强调其中两个原理绝对必要且由来已久，那么你自然会认为他至少应该强烈支持这些原理，并希望把它们强加给别人。但你也了解，科学只是陈述，它从来不会将任何观点强加于人。科学的目的只在于对客体做出真实而充分的说明。科学家只把真理和真诚两件事强加给自己和其他科学家。在当前的实例中，客体就是科学本身，是它过去已经经历的发展和变化以及当今科学的状态，而非它未来应该有的状态或应该发展的状态。

　　现在让我们回到这两个原理本身。第一个"自然是可以被理解的"，我这里只简单说几句。它起源于米利都学派[②]，即古希腊自然哲学家。从那以后，它一直没有改变过，尽管可能偶尔会受影响。物理学当前

————————

① 剑桥大学出版社，1954 年出版。

② 译者注：米利都学派，亦称伊奥尼亚学派，其中米利都是伊奥尼亚最繁荣的城市。由泰勒斯创立，代表人物为泰勒斯、阿那克西曼德和阿那克西米尼。

的一些观点可能对它是一种相当严重的影响。物理学的不确定性原理宣称，自然界缺乏严格的因果关系，可能意味着对它的一定远离和部分放弃。讨论这个原理会很有意思，但我决定只讨论另一个原理，我称之为客观化原理。

客观化原理指的是我们周围经常被称为"现实世界假说"的东西。我坚持认为，它相当于某种简化，用以掌握大自然无限复杂的问题。在没有意识到这一点，也没有对其进行严格系统化的情况下，我们就把认知主体排除在我们努力理解的自然领域之外了。我们将自己带回到一个不属于这个世界的旁观者的角色，通过这个过程，这个世界变成了一个客观世界。该方法会被以下两种情况模糊。首先，我用感觉、知觉和记忆构建了客体（我周围的现实世界），而我自己的身体（我的精神活动与身体有着非常直接和密切的联系）也是这客体的一部分。其次，其他人的身体也构成了这个客观世界的一部分。我有充分的理由相信这些其他的身体也与意识领域有关，或者说，它们就是意识领域的所在地。我毫不怀疑他人意识领域的存在或真实性，但我绝对无法直接主观地接触其中任意一个领域。因而，我倾向于将它们视为客观事物，是构成我周围现实世界的一部分。此外，由于我和他人之间没有区别，并且，所有意图和目的都是完全对称的，因此我得出结论，我自己也构成了我周围现实物质世界的一部分。可以说，我把感觉自我（它把这个世界构建为一种精神产物）放回了这个世界——从前述一连串错误结论中产生了糟糕的逻辑后果。我们将一一指出。暂时先让我只提其中两个最突出的悖论，因为我们意识到，只有退出世界图景之外，我们才能获得一幅相对令人满意的世界图景，重新扮回一个不相干的观察者的角色。

第一个悖论是发现我们的世界图景"无色、冰冷、无声"时的惊愕。色彩与声音、冷与热是我们的直观感觉，如果我们在世界模式中移除了个人意识，那无怪乎这一模式会缺少前面提到的各类感觉。

第二个是我们对意识作用于物质或物质反作用于意识相关内容的徒劳探索，查尔斯·谢灵顿爵士①的坦诚研究广为人知，他在《人的本质》（*Man on His Nature*）一书中进行了精彩的阐述。物质世界的构建只能将自我意识从中脱离出来并移除；意识并非物质世界的组成部分，因此，意识不能作用于物质世界，也不能被其中的任何部分反作用（斯宾诺莎用一句非常简单明了的话阐述了这一点，详见本章后续段落）。

我想更详细地介绍下我提出的一些观点。首先让我引用 C.G. 荣格②一篇论文中的一段话，这段话让我感到欣喜，因为它在完全不同的背景下强调了跟我一样的观点，只不过采取了强烈谴责的方式。虽然我依旧认为，从客观世界的图景中去除认知主体，是为形成一幅相当令人满意的图景付出的高昂代价，但目前而言，荣格更进一步，指责我们是在为一个无法摆脱的困境支付赎金。他说：

一切科学都是心灵的活动，所有知识都来源于心灵。心灵是最伟大的宇宙奇迹，它是世界作为一个客观对象的必要条件。但令人大为震惊的是，西方世界（除了极少数外）似乎都对此不甚了解。外部认知客体大量涌现，使得认知主体都退居幕后，往往在客观世界的图景

① 译者注：查尔斯·斯科特·谢灵顿爵士（1857—1952），英国科学家，在生理学和神经系统科学方面有很多贡献。
② 译者注：卡尔·古斯塔夫·荣格（1875—1961），瑞士心理学家。

中不复存在。[①]

荣格是完全正确的。显然，由于他从事心理学研究，所以对该问题的敏感度要比物理学家或生理学家更高。但是，将把持了 2000 多年的地位拱手让人相当危险。在特定领域，我们可能失去一切却得不到哪怕些许更多自由。但问题就此解决了。心理学这一相对较新的科学迫切需要生存空间，因此不免要重新考虑最初的问题。这是一项艰巨的任务，我们并不一定非要在这里就解决它，但必须指出它来。

心理学家荣格抱怨，我们的世界图景排斥意识，忽视他所说的心灵，我现在想引用物理学和生理科学一些年长而谦卑的杰出代表的语录作为对比，或者说作为补充。这仅仅是为了说明，"科学世界"已经相当客观，并没有给意识及其直接感觉留下任何空间。

有些读者可能还记得 A.S. 爱丁顿[②]的"两个书桌"：一个是他熟悉的旧家具，他坐在旁边，双臂放在上面；另一个是科学的物质实体，它不仅没有感官特性，而且还布满了孔洞。迄今为止，它最大的部分是空旷的空间，虚无缥缈，其间散布着无数微小的斑点，电子和原子核在周围旋转着，但总是相隔至少自身大小 100,000 倍的距离。在对比了用他奇妙风格塑造的 "两个书桌"后，他总结道：

在物理世界中，我们看到熟悉的生活在表演影子戏。我肘部的影子落在影子桌上，影子墨水在影子纸上流动……领悟到物理科学与影子世界有关，是近年来取得的最重要的进展之一。[③]

---

① 《爱诺斯年鉴》（*Eranos Jahrbuch*）（1934），第 398 页。
② 译者注：亚瑟·斯坦利·爱丁顿（1882—1944），英国天文学家、物理学家、数学家。
③ 《物理世界的本质》（*The Nature of the Physical World*）（剑桥大学出版社，1928 年），导论。

请注意，最近的研究进展并不在于物理学本身已经获得了这种影子的特征，自阿布德拉的德谟克利特以来，甚至在那之前，它就已经存在了，只是我们不得而知，我们以为自己在处理世界本身。就我所知，模式或图景等这类用于科学概念结构的表达可能出现在 19 世纪下半叶，不会更早。

不久之后，查尔斯·谢灵顿爵士出版了《人的本质》一书。这本著作充满了对物质和意识之间相互作用的客观证据的诚实探索。我强调"诚实"这个修饰语，是因为它确实需要极为认真和真诚的努力来寻找一些人们事先深信无法找到的东西，因为（与大众信仰有违）它本就不存在。该书第 357 页简要总结了这项研究成果：

意识是知觉所能涵盖的一切，比魂魄更鬼魅地游走于我们的空间世界。它看不见，摸不着，甚至连轮廓都没有；它不是一个"物体"。人们无法用感官确认它，它永远不存在。

用我自己的话来说，我会这样表达：意识用自己的材料建立了自然哲学家的客观外部世界。意识只能采取将自己排除在外的简单方式——从概念创造中退出，才能处理这项艰巨的任务。因此，客观世界并不包含创造它的意识。

这里不能仅靠我引用的几个句子就表达出谢灵顿著作的不朽和伟大，需要靠读者自己去阅读体会。尽管如此，我还是会提到一些更典型的特征。

物理科学……让我们陷入了意识本身无法弹奏钢琴的僵局——意识本身无法移动手指。（第 222 页）

然后我们遇到了僵局。我们对意识"如何"利用物质一无所知。这一悖论让我们为之震惊。这是误解吗？（第 232 页）

对比 20 世纪实验生理学家得出的结论与 17 世纪最伟大哲学家斯宾诺莎的简单陈述（《伦理学》第三部分，命题二）：

身体不能决定心灵，使它思想，心灵也不能决定身体，使它动或静，更不能决定它使它成为任何别的东西（如果有的话）。

僵局就是僵局。我们难道就可以不是自身行为的执行者了吗？我们对自身行为负有责任，我们视情况因自己的行为受到惩罚或奖励。这是一个可怕的悖论。我坚持认为，这个问题在当今科学水平下无解，因为当下的科学仍深陷在"排除原则"中——并未认识到这一点——由此产生了悖论。能意识到这一点虽说具有重要价值，但无助于解决问题。毕竟不能通过议会法案来取消"排除原则"。需要谨慎地重建科学态度，让科学重获新生。

因此，我们面临着以下不同寻常的情况。虽然构成我们世界图景的材料完全是由意识器官的感官产生的，因此每个人的世界图景都是并且始终是其意识的产物，无法证明它是否还有其他存在形式。但意识本身并不存在于构成的世界图景中，它在那里没有任何生存空间，你根本找不到它。因为我们认为人类的个性或动物的个性存在于身体内，所以我们通常不会认识到这一事实。知道意识不在身体内足够出人意料，人们因而会怀疑和犹豫，相当不愿意承认这一点。我们已经习惯认为人的头脑产生了有意识的个性——准确来说是两眼中间后面一两英寸的地方。从那里我们视情况产生了理解、爱、温柔、怀疑或愤怒的表情。我想知道有没有人注意到，眼睛是唯一的接受性感觉器官，我们朴素的思想无法认识到它纯粹的接受性。相反，人们倾向于认为眼睛会发出"视觉光线"，而不是"光线"从外部反射到眼睛里。你经常会在漫画的里，甚至在一些用来说明光学仪器或定律的旧示意图中，看到这样的"视觉光线"：虚线从眼睛里出现，指向物体，虚线远处那端的箭头则表示方向。——亲爱的读者，尤其是女读者，请回想一下当你给孩子带回来一个新玩具时，他那双亮闪闪、充满了欢乐的眼睛，但物理学家则告诉你，这双眼睛里其实什么都没有，它们唯一能客观检测的功能是，不断地被光量子击中并接收光量子。现实中！一个奇怪的现实！这里面好像少了点什么。

很难理解，将个性、意识定位在身体内只是象征性的，不过是一种实用的辅助手段。让我们凭借我们对它的所有了解，用一种"温柔的眼神"来检视身体内部。身体内部确实处于相当有趣的繁忙中，或者，如果你喜欢的话，可以称之为机器。我们发现数以百万计各司其职的细胞建立起一种极其复杂的排列，很明显有助于实现意义深远和高度完美的相互沟通与协作。在规则的电化学脉冲不断敲击下，它们的构型迅速发生变化，从一个神经细胞传导到另一个神经细胞，每一瞬间都会打开和关上数以万计的触点，引起化学变化及其他可能尚未发现的变化。随着生理科学的不断发展，相信我们将会越来越了解我们所遇到的一切。但现在让我们假设在特定情况下，你最终会观察到几束脉冲电流，它们从大脑发出，通过长长的细胞突起（运动神经纤维）传导到手臂的某些肌肉，结果是一只迟疑、颤抖的手向你告别——这是一场漫长而令人心碎的分别；同时，你可能会发现其他一些脉冲电流束会产生某种腺体分泌物，让可怜而悲伤的双眼蒙上一层眼泪。但是，无论生理学发展到何种程度，从眼睛通过中枢器官，传导至手臂肌肉和泪腺，你可以肯定在这条道路上没有任何地方会遇到你的性格特点，会遇到心灵中可怕的痛苦和困惑的担忧，虽说你相当确信，就像你自己体会过一样——你确实如此！生理学分析给我们提供的任何其他人的图景，无论是否是我们最亲密的朋友，都会让我想起埃德加·爱伦·坡[①]的精彩故事，我相信许多读者都记得很清楚，就是《红死病的假面具》（*The Masque of the Red Death*）。一位亲王和他的随从撤退到一座偏远的城堡，以躲避在这片土地上肆虐的红色死亡瘟疫。逃离一周左右后，他们穿着奇装异服，戴着面具，举办了一场盛大的化装舞会。其中一个戴着假面的人，个子很高，完全蒙着面纱，全身穿着红色衣服，显然象征着瘟疫，无论是这故意的装扮，还是怀疑他就是入侵者，这都让舞会上的每个人不寒而栗。最后，一个勇敢的年轻人走近红色假面人，突然猛地把假面人的面纱和头饰扯了下来，发现里面是空的。

我们的大脑不是空的。尽管大脑引起了人们强烈的兴趣，但当它与生命和丰富的情感相对比时，我们在其中发现的东西真的什么都不是。

意识到这一点可能会在一开始让人心烦意乱。在我看来，经过更深入的思考，这似乎是一种安慰。如果你不得不面对一位你非常思念的已故朋友的遗体，那么意识到这具遗体从来都不是他心灵的真正所在，而只是象征性地"供实际参考"，这难道不也是一种安慰吗？

作为前述思考的一个附录，那些对物理科学非常感兴趣的人可能

---

① 译者注：埃德加·爱伦·坡（1809—1849），美国诗人、小说家和文学评论家，美国浪漫主义思潮时期的重要成员。

希望听到我就主体和客体的一系列观点发表意见，这些观点在量子物理学的主流学派中得到了极大的重视，其主要人物为尼尔斯·玻尔、沃纳·海森堡和马克斯·玻恩[①]等人。首先让我简单地介绍一下他们的想法。[②]

不与给定的自然客体（或物理系统）"取得联系"，我们就无法对其做出任何事实陈述。这种"联系"是一种真正的物理学交互。即使我们只是"观察着客体"，后者也必须被光线照射，并反射到我们的眼睛或某种观察仪器中。这意味着我们的观察对客体产生影响。在严格隔绝某客体的情况下，你无法获得其任何信息。该理论继续断言，这种干扰既非无关紧要，也不是完全可观测的。因此，经过多次艰苦的观察后，客体处于一种状态，其中一些特征（最后一次观察到的）已知，但其他特征（被最后一次观察干扰的特征）未知，或已知不准确。这种情况被用来解释为什么不可能对任何物理客体进行完整、准确的描述。

倘若要接受这个观点——而且可能必须得接受——那么它就违背了自然的可理解性原理。我不是在谴责这个观点。我打一开始就告诉过你，我的两个原理并不意味着对科学有约束力，它们只表达了我们在物理科学中实际坚持了很多个世纪并且不那么容易改变的东西。就我个人而言，我不确定现有知识是否足以证明已经发生了变化。我认为我们的模式可能会被修改成这样一种形式，即它们不会表现出原则

①译者注：尼尔斯·亨里克·戴维·玻尔（1885—1962），丹麦物理学家。维尔纳·卡尔·海森堡（1901—1976），德国著名物理学家，量子力学的主要创始人。马克斯·玻恩（1882—1970），德国犹太裔理论物理学家、量子力学奠基人之一。
②参见我的《科学与人文主义》（*Science and Humanism*）（剑桥大学出版社，1951年），第49页。

上不能同时观察到的任何特性——修改后的模式同时性更差，但对环境变化的适应性更强。然而，这是物理学的一个内部问题，不是在这里就能确定的。基于前面解释过的理论，以及测量装置对被观察客体不可避免和不可测量的干扰，有关主客体之间的关系，已经得出并凸显出了认识论性质的崇高价值。人们坚持认为，物理学的最新发现已经向前推进了主体和客体之间的神秘边界。我们获悉，这个边界根本不是一个清晰的边界。我们还赋予了这样一种理解：在观察客体时，我们观察的行为总会修改或改变它这个客体。我们了解到，随着观察方法的改进以及实验结果思考方法的优化，主体和客体之间的神秘边界已经被摧毁。

为了评论这些观点，首先让我接受历经久远的客体和主体之间的区别或差异，因为古代和近代的许多思想家都接受这一点。从阿布德拉的德谟克利特到"柯尼斯堡的老人"①，这些接受它的哲学家全都强调我们所有的感觉、知觉和观察都有强烈的、个人的、主观的色彩，用康德的术语来说就是，不传递"自在之物"的本质。虽然其中一些思想家可能只想到了或多或少、强烈或轻微的歪曲作用，但康德让我们完全听天由命："自在之物"永远不可知。因此，一切表象都是主观性的概念由来已久，且为人所熟知。当前设定中的新情况是：我们从环境中获得的印象不仅在很大程度上取决于我们感觉器官的性质和偶然状态，而且反过来，环境本身还可以被我们改变，尤其是能被我们为了观察它而设置的设备所改变。

也许是这样的——在某种程度上确实如此。可能是因为，根据新

———————
① 译者注：这里指康德。

发现的量子物理定律，这种修正不能低于某些确定的阈值。不过，我不想把这称为主体对客体的直接影响。因为主体，如果非说有什么的话，就是感觉和思考的东西。我们从斯宾诺莎和查尔斯·谢林顿爵士那里了解到，感觉和思考不属于"能量世界"，它们不能使这个能量世界产生任何变化。

一切都是从我们接受历经久远的主客体区别的角度说的。虽然我们必须在日常生活中接受它以供"实践参考"，但我认为，我们应该在哲学思想中抛弃它。康德揭示了其严格的逻辑意义：崇高但空洞的"物自体"概念对于我们而言，是永远无法探究的。

正是这些元素构成了意识和世界。这种情况对每个意识及其世界来说都是一样的，尽管它们之间存在着大量的"交叉引用"。只有一个世界，并非划分为一个客观存在的世界，和一个感知的世界。主体和客体只有一个。它们之间的隔阂不能说是由于近来物理科学方面的实验而打破的，因为这种隔阂其实并不存在。

第十一章

算术悖论：意识的唯一性

在科学的世界图景中，无处可见感觉、知觉和思考的自我的原因，可以简单用十三个字[1]说明：因为它本身就是那幅世界图景。它就是那一整个图景，因而不能作为整体的一部分包含在其中。但是，我们的确会碰到算术悖论；这些有意识的自我似乎有很多，然而世界只有一个。这悖论源于世界产生的方式，世界概念造就了世界。不同个体的"私人"意识领域会有部分重叠，重叠的共同区域构成了"我们周围的现实世界"。尽管如此，这种解释还是会令人不悦，并引出这样的疑问：我的世界和你的世界真的一样吗？是否有一个现实世界，有别于我们每个人通过感知方式投射形成的图景？如果有的话，这些图景是否与现实世界相似，抑或世界本身可能与我们所感知的世界极为不同？

这类问题虽然很有创新性，但在我看来容易混淆问题。因为这类问题没有合适的答案。它们都是或都会导致来自同一个源头的悖论，我称之为算术悖论。大量有意识的自我的精神体验造就了同一个世界。我敢说，一旦有了这个悖论的解决方法，所有上述类型的问题也将一并消除，被证明都是假问题。

有两种方法可以解决这个算术悖论，而且从当前科学思想角度来看，这两种方法都显得相当疯狂（基于古希腊思想，因此完全是"西方的"）。一种方法是莱布尼茨[2]的多元世界，源于其极端的单子学说：每个单子本身就是一个独立的世界，它们之间没有必然的联系；单子"没有窗户"，"不得与外界交流"。尽管如此，它们都彼此协调一致，

①译者注：作者这里用了七个英语单词组成的句子（"because it is itself that world picture."）说明。
②译者注：戈特弗里德·威廉·莱布尼茨（1646—1716），德国哲学家、数学家。

这被称为"预先建立的和谐"。我认为，这一启示很难引起谁的兴趣，也没有人会认为这可以解决算术悖论。

显然只有唯——一种方法，即意识或知觉的统一。它们只有表面上的多重性，事实上只有一种意识。这是《奥义书》的学说，但又不限于《奥义书》。只要没有受到现有偏见的强烈反对，与神结合的神秘体验通常会带来这种看法；也就意味着西方世界比东方世界更不容易接受这看法。除《奥义书》之外，让我再举一个 13 世纪伊斯兰波斯神秘主义者阿齐兹·纳萨菲的例子。这是我从弗里茨·迈耶[①]的一篇论文里摘录出来的，译自他的德语译文：

> 一切生物死后，灵魂回归灵魂世界，身体回归身体世界。在这种情况下，只有身体会发生变化。灵魂世界里只有一个灵魂，它如一盏灯矗立在身体世界之后，当任一生物形成，精神就会像灯光透过窗户一样，透过身体。根据窗户的种类和大小，进入世界的光线会相应减少或增加。然而，光本身保持不变。

十年前，奥尔德斯·赫胥黎出版了一部珍贵的著作，他称之为《长青哲学》[②]，这是一部收录不同时期各个民族神秘主义者的文集。翻开这本书，你会发现许多类似的奇妙言论。你会被不同种族、不同宗教的人类之间奇迹般的一致所震惊，尽管他们在时间上相隔数百年数千年，空间上相距极其遥远的距离，对彼此的存在也一无所知。

不过需要指出，这一学说对西方思想不具任何吸引力，它难以让人接受，人们视其为荒诞离奇、不科学的。这是因为我们的科学——

---

① 《爱诺思年鉴》（*EranosJ ahrbuch*），1946 年。
② 查托与温都斯出版社，1946 年。

希腊科学——建立在客观基础之上，切断了自身对认知主体和意识的充分理解。但我确实认为，这正是我们目前思维方式需要修正的地方所在，也许需要从东方思维中输点血。但做起来并不容易，我们得提防失误——输血总是需要高度警惕，防止凝血。西方的科学思维已经达到相当高的逻辑准确性，这在任何时代都是独树一帜的，我们并不希望因此而失去它。

不过，比起莱布尼茨可怕的单子学来，有一样学说可以称得上有助于所有意识之间以及与最高意识之间"同一性"的神秘教诲。同一性学说声称，它是由以下经验事实所决定的：意识永远只有单数形式的体验，而不会获得复数形式的体验。我们当中没有人经历过一种以上的意识，而且也没有任何间接证据表明这种情况曾在世界上出现过。如果我说同一个头脑中无法同时存在多个意识，这似乎是生硬的同义反复——我们完全无法想象相反的情况。

然而，如果同一个大脑中的确可以同时存在多个意识，那么在某些案例或情形下，我们会期待并几乎需要这种难以想象的事情发生。我现在想详细讨论这一点，并通过引用查尔斯·谢灵顿爵士的话来证明，他当时不仅（罕见的事件！）具有极高的天赋，还是一名冷静的科学家。据我所知，他对《奥义书》的哲学体系没有偏见。我这里讨论到他的目的，或许是为将来将同一性学说与我们自己的科学世界观相融合扫清道路，而不必为此付出失去理智和逻辑准确性的代价。

我刚才提到，我们其实无法想象同一个头脑中有多种意识。我们可以念出这句话，但它并非任何可想象经验的描述。即使在"人格分裂"的病态案例中，两个人格也是交替出现的，从来不会共同掌控大脑；不，这只是分裂人格的典型特征，不同人格间彼此一无所知。

在"梦中的木偶戏"中，我们并没有意识到，我们手里握着相当多角色的线，控制着他们的言行举止。当中只有那个做梦的人才是真实的自我。通过他，我可以立即行动和对话，会急切等待另一个人的回答，好奇他是否会满足我迫切的要求。其实我并不能随心所欲让另一个人按我的意思说话和行动。因为我敢说，在这样的梦中，"另一个人"主要扮演我在现实生活中遇到的某些我根本无法掌控的严重阻碍。这里描述的奇怪情况，显然就是大多数老年人坚信他们能与他们在梦中遇到的人真正交流的原因，无论是活着的还是已故的人，又或是神灵或英雄。这是一种根深蒂固的迷信。在公元前 6 世纪初，爱菲斯的赫拉克利特[1]立场坚定地反对这种迷信，在他留给后人的断简残编中，偶然能看到这种清醒的认识。但公元前 1 世纪，自认为是启蒙思想倡导者的卢克雷蒂乌斯·卡鲁斯[2]，仍坚持这种迷信。在我们这个时代，这种迷信可能很少见，但我怀疑它是否真的已经彻底消失。

让我再来谈谈全然不同的话题。我发现完全无法形成这样一个概念：比如我自己的意识（我相信意识唯一）应该如何由构成我身体细胞（或其中一些细胞）的意识融合而成，或者它应该如何在我生命的每时每刻都由身体细胞的意识融合而成。有人会认为，如果意识的确具有复数性，那么像我们这样的"细胞联合体"将是意识展现其复数性的绝佳场合。如今，"联合体"或"细胞王国"（Zellstaat）已不再

---

① 译者注：爱菲斯的赫拉克利特（约前 544—前 483）：古希腊哲学家，爱菲斯学派创始人。
② 译者注：蒂图斯·卢克雷蒂乌斯·卡鲁斯（约前 99—前 55）：罗马诗人和哲学家。

被视为隐喻。一起来听听谢灵顿的说法：

　　要声明，构成我们身体的组成细胞，每个都是以自我为中心的独立生命体，这不仅是一句话，不是只为了方便描述。细胞作为身体的组成部分，不仅是一个明显划分的单元，而且是一个以自我为中心的单元生命。它过着自己的生活……细胞是一个单元生命，而我们的生命又是一个统一生命，完全由细胞生命组成。①

　　这个描述可以更详细、更具体地继续下去。大脑病理学和生理学对感官知觉的研究，都明确支持将感觉器官划分为多个区域，不同区域影响深远的独立性令人吃惊，我们在惊讶于这种影响的同时，也在期待能找到意识与这些区域之间的相互联系。但事实并非如此。下面是一个特别典型的例子。如果你先用平常一样的方式，双眼睁开看远处的风景，接着闭上左眼，只用右眼看风景，最后再闭上右眼，用左眼看风景，你不会发现明显的区别。心理视觉空间在三种情况下都相同。这很可能是由于，光线刺激从视网膜上相应的神经末梢传递到大脑中"知觉产生"的同一个中心，就像我家门口的旋钮和我妻子卧室的旋钮都能摁响位于厨房门上方的同一个铃一样。这是最简单的解释，但这解释并不正确。

　　谢灵顿有个闪烁阈值频率的实验，十分有趣。我会尽量对此做个简短的介绍。想象一下在实验室里搭建的一座微型灯塔，每秒会发出大量的闪光，比如说每秒 40、60、80 或 100 次。随着闪光的频率增加到一定量时，闪烁会消失，具体取决于实验细节。我们假设

---

① 《人的本质》，第 1 版（1940 年），第 73 页。

旁观者以普通的方式用双眼观察，则会看到连续的光。[①] 在给定情形下，设该阈值频率为每秒 60 次，我们接着做第二个实验，维持其他条件不变，用一个合适的装置只允许每次闪光在左眼和右眼交替到达，这样每只眼睛每秒就只接收 30 次闪光。如果光线刺激被传导到同一个生理中心，那么两个实验结果就不会有区别：如果我在我家门口按下旋钮，比如说每两秒钟按一次，我的妻子在她的卧室里也以同样的频率按旋钮，但与我交替进行，那么厨房的铃声会每秒钟响一次，就像我们每秒钟按一次旋钮，或者我们每秒钟都同步按一次旋钮一样。然而，在第二个闪烁实验中，情况并非如此。右眼 30 次闪光加上左眼 30 次交替闪光远远不足以消除闪烁的感觉；如果双眼均睁开，则需要两倍的频率才行，即右眼 60 次和左眼 60 次。让我用谢灵顿的原话做个总结：

> 并非由大脑机制的空间连接将这两个视觉报告结合起来……很像右眼和左眼的图像是由两个观察者分别看到的，而两个观察者的意识结合形成一个意识。这就像右眼和左眼的知觉是单独形成的，然后在心理上合二为一……这就像每只眼睛都有一个独立且相当重要的感觉器官，在这个感觉器官中，基于这只眼睛的心理过程能够发展到完整的知觉水平。这在生理上相当于一个视觉亚脑。会有两个这样的亚脑，一个对应右眼，一个对应左眼。行动的同时性而非结构上的联合促使了亚脑的心理合作。[②]

接下来是更深入的思考，我将再次挑选其中最重要的段落：

---

① 电影院就是通过这种方式产生了连续画面的融合。
②《人的本质》，第 1 版（1940 年），第 273–275 页。

　　因此，是否存在基于几种主要感觉形式的准独立亚脑呢？在大脑顶部，早期的"五种"感觉功能并没有彼此不可分割地融合在一起，进一步被高阶机制所掩盖，它们仍然清晰可见，每种感觉功能都在其各自的领域里划定了界限。意识到底多大程度上是一个由准独立的知觉意识组成的集合，而后者主要来自经验的暂时同时性进行的心理整合呢？……当我们谈到"意识"问题，神经系统就不会通过集中在一个教皇式细胞上实现自我整合。相反，它周密发展了一个百万倍的民主，其每个单元都是一个细胞……由子生命组合而成的具体生命，虽然是整体的，但却揭示了它的加成本质，并宣称自己是一个生命的微小焦点共同作用的产物……然而，当我们回过头来研究意识时，这一切都不存在。单个神经细胞从来都不是一个微型的大脑。身体的细胞结构不需要任何来自"意识"的提示……单个教皇式的脑细胞不能保证对大脑反应有一个比大脑顶部的众多细胞膜片更统一、更非原子的特性。物质和能量在结构上似乎是颗粒状的，"生命"亦是如此，但意识绝非这样。

　　我引用了给我印象最深的段落。谢灵顿凭借其对活体内实际发生的事件的卓越知识，与悖论作斗争。在这场斗争中，他展现了自己的坦率和绝对理智的真诚，他并没有试图隐藏或搪塞（就像许多其他人会做的那样，他却没那么做），用近乎残忍的方式将这一悖论揭示出来，他很清楚，这是促使科学或哲学中的任何问题更接近其解决方案的唯一方法，而用"漂亮"的词汇装点它，只会阻碍进步，并让矛盾长期存在（不是永远存在，而是直到有人注意到你的欺骗行径）。谢灵顿的悖论也是一个算术悖论，一个数字悖论，因而我相信，它与我在本章开头命名的悖论有很大关系，尽管两者绝不相同。简单来说，前一个悖论是从众多意识中具体化出来的一个世界。谢灵顿的悖论则是一个意识，表面上由许多细胞生命构成，或者换句话说，是由多个亚脑构成的，每个亚脑都有相当高的重要性，因此我们觉得有必要将亚意识与之联系起来。然而我们知道，亚意识是个凶狠可怕的东西，就像复数意识一样——没有谁的经验里有对应物，也完全无从想象。

我认为将东方的同一性学说融合到我们西方的科学体系中，这两个悖论都可以得到解决（我并非说在这儿就能解决）。意识本质上是单数的。或者我应该说：意识的总数只有一个。我大胆称之为坚不可摧，因为意识有一个特殊的时间表，即它永远活在现在。的确不存在过去和未来的意识，只有一个现在的意识，包含回忆和预期。但我承认，我们的言语不足以表达这当中的精妙处。如果有人想说，我也承认，我现在谈论的是宗教，而非科学——但是，这里的宗教并不违背科学，相反，公正的科学研究所带来的成果会给宗教以支持。

谢灵顿说："人类的意识是我们地球新近的产物。"[1]

我当然同意他的说法。但如果漏了第一个词（人类的），我就会反对了。我们在前述第一章中讨论过这个问题。认为反映世界形成的深思熟虑、有知觉的意识，只在这个"形成"过程中的某个时刻才会偶然出现，是相当奇怪荒谬的；意识跟一种相当特殊的生物装置有关，这装置本身明显承担着促成某些生命形式自我维持的任

----

[1]《人的本质》，第1版（1940年），第218页。

务，从而有利于它们的生存和繁衍：这种生命形式是后来出现的，之前有许多其他生命形式在没有这种特殊装置（大脑）的情况下就能维持自身的存在。它们中只有一小部分（如果你按物种计算）已经开始"给自己一个大脑"。而生命形成大脑之前，难道一切都是一场自说自话没有观众的表演吗？我们可以称之为一个没有人思考的世界吗？当考古学家重建一座城市或一种早已逝去的文化时，他对过去的人类生活感兴趣，对当时人类展现的行为、感觉、思维、情感、欢乐和悲伤感兴趣。但是，如果一个世界存在了数百万年却没有人意识到它、没有人思考它，那这世界到底是什么？它真的存在吗？我们不要忘了：有知觉的意识可以反映世界的形成，这只是我们熟悉的陈词滥调、短语、隐喻罢了。世界就只有一个，什么都没有反映出来。原始影像和镜像影像相同。在空间和时间上延伸的世界只是我们的表象。贝克莱①十分清楚，我们并没有从经验中找到一丁点儿关于世界存在的线索。

但是，这个浪漫的世界存在了数百万年之后，才相当偶然地产生了审视世界的大脑，几乎是个悲剧性的延续，我想再次用谢林顿的原话来描述：

我们得知宇宙能量正在耗尽，最终不可避免会趋向于一种平衡，生命将不复存在。然而，生命的进化并没有因此中断。生命周围的地球环境会让其发展并且一直处于发展之中。随着时间的推移，意识也会随之进化。如果意识不是一个能量系统，能量宇宙的逐渐耗尽会如

---

① 译者注：乔治·贝克莱（1685—1753），爱尔兰哲学家、近代经验主义代表，开创了主观唯心主义。

何影响它？它会毫发无损吗？就我们所知，有限的意识总是依附于一个运转的能量系统。当能量系统停止运行时，与它一起运行的意识会怎样？创造意识并仍在精心发展意识的能量宇宙会不会让有限的意识消亡？[1]

我认为这些思考某种程度令人不安。让人困惑的是，意识承担一种奇怪的双重角色。一方面，它是舞台，也是整个世界过程发生的唯一舞台，或者是容纳整个世界的容器，在容器之外什么都没有。另一方面，我们形成了这样一种印象，也许是一种虚假的印象，即在这个喧闹的世界里，意识与某些非常特殊的器官（大脑）联系在一起，这些器官无疑是动植物生理学中最有趣的精巧装置，但它们并非独一无二的，也不是特殊的，因为和许多其他物种一样，大脑终究只是为了维持它们所有者的生命，正因为此，它们才会在自然选择的物种形成过程中得到了精心培育。

有时，画家在他的巨幅画作中，或诗人在他的长篇诗歌中，会引入一个谦逊的从属角色，即他自己。因此，我想《奥德赛》[2]中的盲人吟游诗人就是作者自己，他在淮阿喀亚人的大厅里唱着特洛伊战争的歌，让饱受摧残的英雄感动落泪。就像《尼伯龙根之歌》中一样，当他们穿越奥地利大地时，遇到了一位诗人，他被怀疑是整部史诗的作者。在丢勒[3]的《万圣图》中，两圈信徒聚集在天空的众神周围祈祷，一圈受祝福的人在上面，一圈是地球上的人类。后者包括国王、皇帝和教皇，

---

[1]《人的本质》，第 1 版（1940 年），第 232 页。

[2] 译者注：作者荷马（约前 9 世纪—前 8 世纪），古希腊盲诗人。

[3] 译者注：阿尔布雷希特·丢勒（1471—1528），德国中世纪末期、文艺复兴时期著名油画家、版画家、雕塑家及艺术理论家。

但如果我没记错的话，还有这位艺术家本人的肖像，作为一个卑微的配角倒不如不在上头比较好。

在我看来，这似乎是对意识令人困惑的双重角色最好的比喻。一方面，意识是创造整体的艺术家；然而，在已完成的作品中，它只是一个微不足道的附属品，它可能会缺席，但并不会影响整体效果。

直截了当地说，我们必须声明，我们面临典型的悖论之一，这是由于我们尚未成功阐述一个易于被人理解的世界观，意识作为世界图景的创作者，依旧不得不从中退出，因而世界图景并未给意识留有一席之地。毕竟，试图将意识硬塞进物质世界里，必然会带来荒谬的结果。

早些时候，我已经评论过这个观点：出于同样的原因，物质世界的图景缺乏构成认知主体的所有感官特征。这个模式是无色无声、不可触摸的。出于相同的理由，用同样的方式，科学世界缺少或被剥夺了只与知觉思考、理解和感受的主体相关的一切有意义的东西。首先，我指的是伦理学和美学价值观，与整个世界展示的意义和范围有关的任何类型的价值观。所有这些都不存在，而且从纯科学的角度来看，也不能有机地嵌入。如果一个人试图把它放进去或放在上面，就像一个孩子给他未着色的临摹画上色一样，会相当不合适。因为任何进入这个世界模式的东西，都会采用科学论断的形式出现。所以要把意识强加给它，就一定会出错。

生命本身就是有价值的。阿尔贝特·施魏策尔[①]提出了"敬畏生命"这一基本伦理学戒律。大自然对生命毫无敬畏之心，将其视为世界上最没有价值的东西。大自然制造了百万计的生命，在其他生命喂养它之前，它大多被迅速消灭或成为猎物，这正是创造新生命形式的主要方法。"你不应该折磨人，你不应该造成痛苦"！大自然对这条戒律一无所知。它的生物在不断的争斗中互相折磨。

"世事本无好坏，皆因思想使然。"自然发生的事情本身无好坏美丑之分，当中价值缺失，尤其是意义和目的的缺失。大自然不按目的行事。在德语中，如果我们说生物体有目的地适应其环境，我们知道这只是一种方便的表达方式。如果我们从字面上理解这句话，就错了。在我们的世界图景框架内，只有因果关系。

最痛苦的是，我们所有的科学研究都对我们关于前面所展示的意义和范围的问题保持沉默。我们看得越仔细，它就越显得漫无目的和愚蠢。显然，正在上演的这场戏，只有在思考它的意识中才有意义。但科学对这种关系的阐释显然是荒谬的：就好像意识只是由它正在观看的那场表演产生的，当太阳能量耗尽，地球变成冰雪荒漠时，意识就会随着表演消失。

让我简单地提一下臭名昭著的科学无神论，当然，也是在同一个命题下。科学不得不一再遭受这种非难，但这显然并不公正。任何个人的上帝都不能成为世界模式的一部分，而这个世界模式只能以移除个人的一切为代价才能获得。我们知道，如果人体验上帝是一个真实

---

①译者注：阿尔贝特·施魏策尔（1875—1965），德国哲学家、神学家、医生、管风琴演奏家、社会活动家、人道主义者。

的事件，就像直接的感官知觉或一个人的本性一样，那么上帝一定会在世界的时空图景中消失。时空的任意一处都没有上帝——这就是真诚的自然主义者能告诉给你的。为此，他招致了责备，因为圣经中写道：上帝是灵。

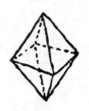

第十二章

科学与宗教

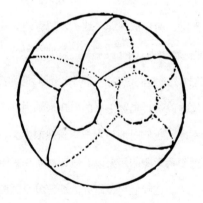

科学能为宗教问题提供相关信息或答案吗？对于那些时不时困扰每个人的迫切问题，科学研究的成果能否帮助人们获得合理和令人满意的看法？我们中的一些人，尤其是在健康快乐的年轻时期，成功将这些问题长期搁置一边；有些人到了晚年，满足于找不到答案的状态，并让自己放弃寻找；而另一些人则一生中都被这种才智的不相称所困扰，也被由来已久的流行迷信所引发的极大恐惧所困扰。我主要是指"另一个世界""来生"以及所有与之相关的问题。请注意，我当然不会试图回答这些问题，而只会回答一个更为保守的问题，即科学是否能提供关于这些问题的任何信息，或者帮助我们——对我们中的许多人来说——思考它们。

首先，科学当然能以一种非常古老的方式给出答案，而且已经不费吹灰之力做到了。我记得阅读过旧的印刷品、世界的地理地图，包括地狱、炼狱和天堂，前者被深埋在地下，后者则高高挂在天上。这类表现形式并不是纯粹寓言式的（在后来的时期，例如在丢勒著名的《万圣图》中可能是这样），它们证实了当时相当流行的自然信仰。如今，没有教派会要求信徒以这种唯物主义的方式来阐明其教义，而且它还会严厉制止这种态度。我们对地球内部（虽然很少）、火山的性质、大气层的组成、太阳系大概的历史以及对银河系和宇宙结构的了解，无疑有助于这一进步。在我们可以研究的那部分空间的区域里，任何有教养的人都不会指望可以从中找到这些教条虚构的存在，我敢说，即使那部分科学无法触及的领域里也不可能找到。不过，即便相信这些虚构的东西是现实存在的，他也只会赋予它们一种精神上的地位。我并不是说，对于宗教信仰深厚的人，这样的启蒙只能等待上述科学发现，但后者肯定有助于根除这些问题上的唯物主义迷信。

　　然而，这指的是一种相当原始的意识状态。还有更有趣的地方。科学最重要的贡献是解决了"我们到底是谁？我们从哪里来，我们要往哪里去？"的问题——或者至少让我们安心——在我看来，科学在这方面给我们提供的最显著的帮助，是时间的逐渐理想化。尽管包括非科学家在内的许多其他人也遇到了同样的问题，比如希波的圣奥古斯丁和波伊修斯①，但这一点跟另外三个人关系更为紧密，他们分别是柏拉图②、康德和爱因斯坦③。

　　前两位并不是科学家，但他们对哲学问题的热情和对世界的浓厚兴趣都源于科学。柏拉图的兴趣来自数学和几何学（两个学科用"和"来表示，如今已不合时宜，但我认为在他那个时代依旧适用）。是什么赋予柏拉图的毕生事业具有如此无与伦比的色彩，使其在两千多年后依然熠熠生辉？据我们所知，数字或几何图形的任何特殊发现都不是他的功劳。他对物理学的物质世界以及对生命的洞察有时是不切实际的，完全不如其他人（从泰勒斯④到德谟克利特这些圣人），当中一些人比他还早一个世纪；在自然知识方面，他被他的学生亚里士多德⑤和泰奥弗拉斯托斯⑥远远甩在身后。除了他狂热的

①译者注：即希波的奥古斯丁或圣奥古斯丁（354—430），罗马帝国末期北非柏尔人，早期西方天主教神学家、哲学家，曾任希波的主教。波伊提乌（480—524或525），六世纪早期哲学家，也是希腊罗马哲学最后一名哲学家，经院哲学第一位哲学家。
②译者注：柏拉图，古希腊哲学家，西方文化中最伟大的哲学家和思想家之一。
③译者注：阿尔伯特·爱因斯坦（1879—1955），出生于德国，现代物理学家，创立了相对论，提出了质能等价公式。
④译者注：即米利都的泰勒斯（前624—前546），古希腊哲学家、几何学家、天文学家，米利都学派创始人。
⑤译者注：亚里士多德（前384—前322），古希腊哲学家、科学家和教育家。
⑥译者注：泰奥弗拉斯托斯（约前371—前287），古希腊植物学家。

崇拜者外，他对话中的长篇大论给人的印象是对言语的无端诡辩，他并不想定义一个单词的含义，而是相信如果来回来去一直说，这个单词本身就会显示出它的意思。他的社会和政治乌托邦在他试图实际推行时失败了，让他陷入了极度的危险之中，在我们这个时代很少有人会那么推崇这种乌托邦，并可悲地经历那一遭。那么究竟是什么造就了他的名声呢？

在我看来，因为他是头一个设想永恒存在的人，并且强调相对理性而言，它作为一种现实，比我们的实际经验更为真实。他说，实际经验只是永恒存在的一个影子，所有经历过的现实都是从永恒存在借用来的。我说的是形式（或观念）理论。它是如何创立的呢？毫无疑问，这是因为柏拉图熟悉巴门尼德①和埃利亚学派②的教义。但同样明显的是，柏拉图对此一见如故，因为这与他自己的美妙比喻极为相似，即理性学习的本质是记住以前就掌握但隐藏着的知识，而不是发现全新的真理。然而，巴门尼德的永恒、无所不在和不变的"一"，在柏拉图的心中已然变成了一种更强大的思想以及思想领域，能够引发想象力，尽管它必然仍是一个谜。但我相信，这种想法是从一次非常真实的体验中产生的，亦即，他对数字和几何图形领域的启示感到钦佩和敬畏——就像许多人在追随他，以及之前许多人追随毕达哥拉斯③一样。他理解这些启示的本质，并将其深深地融入自己的意识中，它们是通过纯粹的逻辑推理展现出来的，让我们了解真正的关系，其真理

---

① 译者注：巴门尼德（约前515—前5世纪中叶以后），古希腊哲学家。
② 译者注：埃利亚学派是古希腊最早的唯心主义哲学派别之一，主张唯静主义的一元论，即世界的本源是一种抽象存在，因此是永恒的、静止的，而外在世界是不真实的。
③ 译者注：毕达哥拉斯（约前580—约前500），古希腊数学家、哲学家。

不仅无懈可击，而且显然是永远存在的。不管我们对其进行何种推导，这些关系一直存在，也将继续存在。数学真理是永恒的，它不是在我们发现它时才产生的。但它的发现是一个非常真实的事件，它可能是一种情感，就像来自仙女的美好的礼物。

三角形（ABC）的三条高相交于一点（O）（三角形的高是从一个角向它的对边所在直线或延长线作的垂线）。乍看起来，人们不明白为什么三条线会交于一点。任意三条线通常形成一个三角形，不会交于一点。现在每个角画出平行于对边的平行线，形成更大的三角形A'B'C'。它由四个全等三角形组成。ABC 的三条高位于更大的三角形中，是大三角形 A'B'C' 的三条边的中垂线，即它们的对称线。现在，过点 C 作的垂线包含所有与 A' 和 B' 距离相同的点；过点 B 作的垂线包含所有与 A' 和 C' 距离相同的点。因此，这两条垂线相交的点与所有三个顶点 A'、B'、C' 的距离相同，因此也必定位于过点 A 作的垂线上，因为这一点包含所有与 B' 的距离和与 C' 的距离相同的点。证毕。

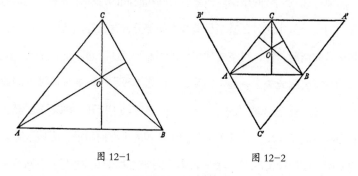

图 12-1　　　　　图 12-2

除了 1 和 2 以外，每个整数都是两个质数"中间数"，或者是两个质数的算术平均值。例如：

$$8 = \frac{1}{2} \times (5+11) = \frac{1}{2} \times (3+13)$$

$$17 = \frac{1}{2} \times (3+31) = \frac{1}{2} \times (29+5) = \frac{1}{2}(23+11)$$

$$20 = \frac{1}{2} \times (11+29) = \frac{1}{2} \times (3+37)$$

如你所见，上面的等式通常有不止一个解。这个定理称为哥德巴赫[①]猜想，虽然还没有被证明，但被认为是正确的。

通过将连续奇数相加，首先只取 1，接着 1 + 3 = 4，然后 1 + 3 + 5 = 9，然后 1 + 3 + 5 + 7 = 16，你总能得到一个数的平方，你用这种方式得到的所有数，都为你所加奇数个数的平方。为了理解这种关系的普遍性，我们可以用算术平均值替换与中位数等距的每组被加数的和（例如：第一个和最后一个，然后是第二个和倒数第二个，等等），它们的算术平均值显然恰好等于被加数的个数。因此，在上述最后一个例子中：

$$4+4+4+4=4 \times 4$$

现在让我们转向康德。他教授空间和时间的理想化观点，这是他教学的一个基本部分，甚至是最基本的部分，这已经成为老生常谈。和大多数情况一样，时空的理想化既不能被证实，也不能被证伪，但人们并不会因此失去兴趣（相反，这会增加吸引力。如果能被证明或证伪，它反倒会变得平凡）。这意味着，在空间中展开，并按"先与后"的明确时间顺序发生，并不是我们所感知的世界的特征，而属于感知的意识，在目前情况下，意识不得不根据空间和时间这两个坐标系来

---

① 译者注：克里斯蒂安·哥德巴赫（1690—1764），普鲁士数学家，在数学上的研究以数论为主，作为哥德巴赫猜想的提出者而闻名。

记录提供其间发生的事情。这并不意味着意识在没有任何经验或先于经验的情况下，就包括这些秩序模式，而是当这些经验出现时，它会情不自禁发展它们，并将它们应用于经验，特别是这一事实并不能证明或暗示空间和时间是"物自体"固有的一种秩序模式，在一些人看来，"物自体"是我们经验的成因。

要证明这具有欺骗性并不难。没有人能够区分自己的感知领域和导致感知领域的区别，因为无论他对整个情况了解有多详细，事情只发生一次而非两次。重复发生是一种寓言，主要通过与其他人甚至动物的交流来表现。这表明，交流对象在相同情况下的感知似乎与他自己的非常相似，只是在观点上——在"投射点"的字面意义上——存在着微不足道的差异。但假使这迫使我们像大多数人一样，将客观存在的世界视为感知的缘由，我们究竟该如何断定，一切经验的共同特征是出于我们的意识结构，而非所有客观存在的事物所共有的特征？诚然，我们的感知构成了我们对事物的唯一认知。无论多么自然，这个客观世界一直是个假设。如果我们的确接受了这点，那么将我们的感知在外部世界中发现的一切特征都归于外部世界，而不是我们自己，这难道不是最自然的事情吗？

然而，在"意识形成世界观念"的过程中，恰当分配意识及其客体——世界——的作用，并非康德声明具有的至高无上的重要性，因为正如我刚才指出的，这两者很难区分。康德的伟大之处在于形成这样一种观念，即这一事物（意识或世界）很可能具有我们无法理解的超脱空间和时间概念的其他表现形式。他将我们从根深蒂固的偏见中解放出来。除了时空之外，可能还有其他的表现顺序。我相信，叔本华是第一个从康德那里读到这一点的人。从宗教意义上讲，这种解放开辟了通往信仰的道路，就不会让它一直与关于世界的经验和朴素思想明确无误宣布的结果相悖。举个最重要的例子来说，我们的经验无疑会使我们确信，身体毁灭后，经验不再存在，因为经验与身体的生命密不可分。那么，今生之后还有来世吗？不会有了。至少不是以我们经验当中，必然发生在空间和时间中的方式存在。但是，在一个时间不起作用的表现顺序中，"后"这个概念毫无意义。当然，纯粹地思考不能保证的确存在于时空之外的东西，但却可以最大限度让我们在设想它存在的时候不会有任何障碍。这就是康德通过他的分析想达到的效果，在我看来，这就是他的哲学重要性。

我现在要在同样的语境下谈谈爱因斯坦。康德对科学的态度相当原始，如果你翻开他的《自然科学的形而上学基础》，你就会认同这一点。他接受了物理科学在他有生之年（1724—1804）所达到的形式，认为这差不多就是这门学科最终的样子，并忙于从哲学角度解释物理学规律。这件事发生在一个伟大的天才身上，对之后的哲学家来说，应该算是一种警示。他清楚表明，空间必然是无限的，并坚信赋予空间欧几里得①概括的几何特性是人类意识的本质。在欧几里得空间中，物质构成的软体动物发生了移动，也就是说，随着时间的推移，它的结构起了变化。对于康德和他那个时代的物理学家来说，空间和时间是两个全然不同的概念，因此他们会毫不犹豫将空间称为我们外感官的形式，而将时间称为我们内感官的形式。认识到欧几里得的无限空间并不是看待我们经验世界的必要方式，以及空间和时间更应该被视为四维的

———————————
① 译者注：欧几里得（约前330——前275），古希腊数学家，被称为"几何之父"。

连续统一体，这似乎破坏了康德的理论基础，但其实并不影响康德哲学中更有价值的部分。

这种对时空的认知由爱因斯坦以及其他几个人提出，例如 H.A. 洛伦兹[①]、庞加莱[②]、明科夫斯基[③]。他们的发现无论对哲学家，还是街上的男人和客厅里的女人都产生了巨大的影响，因为他们让这个理论脱颖而出：即使在我们的经验领域，时空关系也比康德想象的要复杂得多，也比之前所有的物理学家、街上的男人和客厅里的女人想象的要复杂。

新观点对于过往的时间概念产生了极其强烈的影响。时间是"前与后"的概念。这种新的看法源于以下两点：

（1）"前与后"的概念存在于"因果"关系中。我们知道，或者至少已经形成了这样的想法，事件 A 可以导致或者至少改变另一事件 B，因此若 A 未发生，则 B 不会发生或至少不会被 A 改变。例如，炮弹爆炸会将坐在它上面的人炸死；此外，爆炸声在很远的地方都能听到。被炸死可能与爆炸同时发生，但远处听到声音的时间会晚于被炸死的时间；但毫无疑问，这些结果的出现都不可能早于炮弹爆炸。这是一个基本概念，其实也是日常生活中用来判断两个事件哪个发生时间更晚，或至少不早的问题。这种区别完全建立在结果不能先于原因出现的观念上。如果有证据表明 B 是由 A 引起的，或者 B 至少显示出 A 的痕迹，或者即使（从一些间接证据）可以推理出它显示出 A 的痕迹，则 B 肯定不早于 A 发生。

[①] 译者注：亨德里克·安东·洛伦兹（1853—1928），荷兰理论物理学家、数学家。
[②] 译者注：朱尔·亨利·庞加莱（1854—1912），法国数学家、天体力学家、数学物理学家、科学哲学家。
[③] 译者注：赫尔曼·明科夫斯基（1864—1909），德国数学家。

（2）请记住这一点。第二个根源是，实验和观测证据表明，作用效果不会以任意高的速度传播。它会有一个上限，就是光在真空中的传播速度。按照人类的测量结果来看，光速极高，每秒大约可以绕赤道转七周。速度虽然高但有上限，这个上限称为 c。让我们把它作为自然界的基本事实。因此，上述"前与后"或"早与晚"（基于因果关系）并不是普遍适用的，在某些情况下会失效。用非数学语言解释起来并不容易，但也不是说这个数学体系相当复杂。但是，日常用语是带有偏见的，完全融入了时间的概念——在使用动词时，你必然要用到这样或那样的时态。

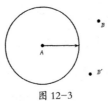

图 12-3

由此可以举个最简单但不是特别恰当的例子（图 12-3），具体如下：给定事件 A，设想事件 B 在 A 之后的任意时间发生，且位于以 A 为圆心 ct 为半径的范围外。那么 B 不能表现出 A 的任何"痕迹"；A 自然也无法知道 B 是否发生，这是因为二者没有因果关系。不过我们知道，B 为晚于 A 发生的事件。但是，无论 A 晚还是 B 晚，判断标准都不成立，那么我们对时间的概念是正确的吗？

设想事件 B' 位于以 A 为圆心 ct 为半径的范围外，且早于 A 的某个时间（t）发生。在这种情况下，跟之前一样，B' 的痕迹无法到达 A（当然，A 的痕迹也不可能在 B' 显示）。

因此，这两个例子都有完全相同的互不干涉关系。就与 A 的因果关系来说，B 同 B' 在概念上没有任何区别。所以，如果我们想把这种关系而非语言偏见作为"前与后"的基础，那么 B 和 B' 就形成了一类既不早于也不晚于 A 的事件。这类事件占据的时空区域称为"潜在同时性"区域（相对于事件 A）。之所以使用这个表述，是因为始终可以采用一个时空框架，使 A 与选定的特定 B 或特定 B' 同时出现。这就是爱因斯坦的发现（1905 年被命名为狭义相对论）。

这些结论目前对于我们物理学家来说已经成为非常具体的真理，会在日常工作中用到，就像我们使用乘法表或在直角三角形上使用毕达哥拉斯定理一样。我有时会好奇，为什么它们在公众和哲学家中间都引起了如此大的轰动。我想是因为，这就意味着时间会丧失权力，不再如外部强加给我们的固执暴君，意味着将我们从"前与后"牢不可破的规则中解放出来。因为，就像"摩西五经"所说的那样，时间的确就是我们最严厉的主人，表面上把每个人的存在框定在有限的范围内——只有七十年或八十年。每个人都可以随意玩弄主宰者无懈可击的计划，尽管影响有限，但对人们来说已经是一种极大的解脱。这似乎也鼓励人们认为，整个"时间表"可能并不像乍看起来那么严肃。这种思想是一种宗教思想，不，我应该称之为就是那种宗教思想。

你偶尔会听到说，爱因斯坦没有揭穿康德关于空间和时间理想化的深刻思想是一种谎言；相反，他朝着康德想要达成的目标迈出了一大步。

我已经谈到了柏拉图、康德和爱因斯坦对哲学和宗教观的影响。在康德和爱因斯坦之间、爱因斯坦前大约一个世代，物理科学见证了一个似乎有意激起哲学家、街头男士和客厅女士兴趣的重大事件，该事件的讨论热度恐怕不会低于相对论。但我认为，事实并非如此。因为这种思维方式的转变更艰深晦涩，这三类人中只有极少数人能掌握，就算对方能理解，那至少也得是位哲学家。这一事件与美国的威拉德·吉布斯和奥地利的路德维希·玻尔兹曼的名字连在一起。我现在就要谈谈这件事。

除了极少数例外（的确是例外），自然界中的事件过程是不可逆的。如果我们试图想象一个与实际观察到的现象完全相反的时间序列，就像一部倒序放映的电影，这种倒序虽然很容易想象，但几乎总是与已经确立的物理科学定律完全矛盾。

热力学或热统计学理论解释了所有事件的一般"方向性"，这一解释被誉为最出色的成就。我就不在这里讨论物理学理论的细节了，因为这对掌握解释的要点来说并无必要。但如果要把不可逆性视作原子和分子微观机制的基本特性，那也未免太过不合理，不会比许多中世纪纯粹的口头解释好到哪里去，例如：火因其炽热的特征而炽热。这并不对。根据玻尔兹曼的说法，我们面临着一种自然趋势，即任何有序状态都会自行转变为一种不那么有序的状态，而不是相反。拿你精心整理的一副扑克牌打个比方，从 7、8、9、10、J、Q、K、红桃 A 开始，然后是方块等。如果给这副排好顺序的扑克牌洗一次、两次或三次牌，顺序会逐渐变乱。但打乱顺序不是洗牌过程的固有特性。给定打乱的这副牌，可以想象一个新的洗牌过程，它会完全抵消之前那次洗牌的效果并恢复原来的顺序。然而，每个人都会认为第一次洗牌过程会发生，但没有人会期待出现第二次洗牌过程——他可能需要等上很长时间，才能碰巧出现第二次预设的这种洗牌效果。

这就是玻尔兹曼解释自然界中发生的一切事物（当然包括生物体从

出生到死亡的生命历程）的单向性要点。其优点在于"时间之箭"（由爱丁顿命名）并没有被搅和到相互作用的机制里，在我们的比喻中，"时间之箭"通过机械的洗牌动作来表现。洗牌动作及机制没有任何过去和未来的概念，它本身是完全可逆的，"箭头"——过去和未来的概念本身——是统计学考量的结果。在我们纸牌的比喻中，关键在于只有一种或者少数几种排列有序的纸牌组合，但无序组合却有数十亿种之多。

然而，聪明的人时不时一再反对玻尔兹曼的理论。反对意见归结为：该理论在逻辑上站不住脚。他们认为，如果基本机制不区分"前与后"两个时间方向，而在时间上完全对称运行，那么如何从两个方向的合作中产生一种强烈偏向于单一方向的整体行为或综合行为？无论这个方向适用的行为是什么，相反的方向也必定同样适用。

倘若上述论据可靠，那么它似乎会对玻尔兹曼理论带来致命打击。因为它针对的正是这一理论的主要优点所在：从可逆的基本机制中推导出不可逆的事件。

这一论据完全合理，但并不致命。说它合理是因为，它断言，对一个时间方向成立的行为对其相反的方向也成立，打从一开始，时间就作为一个完全对称的变量引入。但你不能匆匆做出结论，即这在两个方向上通常都适用。用最谨慎的措辞，我们得描述为，在特定情况下，它要么适用于一个方向，要么适用于另一个方向。除此之外，我们还要补充一点：在世界的特定情况下，"耗尽"（使用一个偶尔被采用的短语）发生在一个我们称之为从过去到未来的方向上。换言之，热统计学理论根据自身定义，自行决定时间的流向（这对物理学家的方法论产生了重大的影响。他绝不能引入任何独立于时间之箭决定的东西，否则玻尔兹曼构筑起来的物理学理论美丽的大厦就会轰然倒塌）。

　　人们可能会担心，在不同的物理学系统中，时间的统计学定义可能并不总是导致相同的时间方向。玻尔兹曼勇敢面对这种可能性。他坚持认为，如果宇宙有足够的延伸，或存在的时间足够长，那么在世界遥远的地方，时间实际上可能会朝着相反的方向运行。这一点人们已经争论过，也不值得再争论了。玻尔兹曼那时候不知道对我们来说至少是极有可能的，亦即，我们所知道的宇宙既不够大，也不够久，不足以引起这种大规模的时间逆转。请允许我不带详细解释补充一点，在微观范围内，无论是在空间还是在时间上，都观察到了这种逆转（布朗运动，斯莫鲁霍夫斯基[1]）。

　　在我看来，与相对论相比，"时间的统计学理论"对时间哲学的影响更甚。前者，无论多么具有革命性，都没有触及它所假定的时间的不定向性流动，而统计学理论则根据事件的发生顺序来构建时间。这意味着人们从旧柯罗诺斯[2]的暴政中解放出来。我觉得，我们自己在意识中构建的事物，不会对意识拥有独裁的力量，既不能为它带来积极作用，也不能消灭它。但我相信你们中的一些人会称之为神秘主义。由于物理学理论取决于某些基本假设，因此，在充分认识到相关理论在任何时候都是相对的基础上，我相信我们可以断言，物理学理论在现阶段强烈表明了意识在时间面前的坚不可摧性。

---

① 译者注：玛丽安·斯莫鲁霍夫斯基（1872—1971），奥地利物理学家，统计物理学先驱。
② 译者注：柯罗诺斯在古希腊神话中是时间的化身。

第十三章

感官特征的奥秘

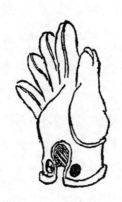

在最后一章中，我想对阿卜杜拉的德谟克利特的一个著名片段中已经注意到的一种非常奇怪的事情进行更详细的证明。这一奇怪的事实是，一方面，我们对周围世界的所有认知，无论是从日常生活中获取的，还是通过精心计划和艰苦的实验室实验所揭示的，完全依赖于直接的感官感知；另一方面，这种认知无法揭示感官感知与外部世界的关系，因而在我们根据科学发现形成的外部世界的图景或模式中，不存在任何感官特征。虽然我相信这句话的第一部分很容易被大家接受，但第二部分可能没有那么容易，因为非科学家通常对科学怀有极大的敬意，并相信科学家能够通过 "极其精确的方法" 理解并证明任何人都永远无法理解的东西。

如果你请教一位物理学家，他怎么看待黄光。他会告诉你，黄光是波长约为 590 毫微米[①] 的横向电磁波。如果你问他：黄色从何而来？他会说：在我的认识中不存在黄色，当这些振动击中健康眼睛的视网膜时，会给人黄色的感觉。在进一步的询问中，你可能会听到不同的波长会产生不同的色觉，但并非所有的波长，而只有那些介于 400~800 毫微米之间的波长才会产生不同的色觉。对物理学家来说，红外线（高于 800 毫微米）和紫外线（低于 400 毫微米）光波与眼睛所敏感的 400~800 毫微米之间波长范围的现象大致相同。眼睛如何产生这种特性？这显然是对太阳辐射的一种适应，太阳辐射在这个波长范围内最强，但在两端都会减弱。此外，在太阳辐射达到最大峰值的区域（在所述区域内）会遇到本质上最亮的色觉黄色。

我们可能会进一步发问：波长 590 毫微米左右的辐射是唯一产生

———————————

① 译者注：毫微米即纳米，1 毫微米为 10^{-9} 米。

黄色觉的辐射吗？答案是完全不是。如果产生红色觉的 760 毫微米光波与产生绿色觉的 535 毫微米光波以一定比例混合，则这种混合产生的黄色与 590 毫微米光波产生的黄色没有区别。用混合光谱光和单一光谱光照亮两个相邻的地方，肉眼看起来一模一样，无法分辨。色觉是否可以从波长中预测出来？色觉是否与光波的物理、客观特征存在数值联系？不。当然，所有这类混合光谱的图表都是根据经验绘制的。它被称为三基色。但它不仅仅与波长有关。没有一般规则可以让两种光谱的混合物与它们之间的一个光谱相匹配。例如，光谱两端的"红色"和"蓝色"混合会产生"紫色"，这个颜色不是由任何单一光谱产生的。此外，上述三基色，因人而异，对于某些人来说差异很大，称为异常三色视觉（非色盲）。

　　色觉不能用物理学家对光波的客观描述来解释。如果生物学家对视网膜的变化过程以及视网膜在视神经束和大脑中建立的神经过程有更全面的了解，他能解释这一点吗？我不这么认为。我们充其量只能客观了解，知道哪些神经纤维被激发，以什么比例被激发，甚至可能知道它们在某些脑细胞中产生的变化过程——只要当你的大脑在视野的特定方向或领域中记录黄色的感觉时。但即便有了如此深刻的了解，我们对色觉的产生一无所知，尤其是我们所讨论的黄色——同样的生理过程可能会产生甜味或其他任何感觉。我的意思是，简单来说，我们可以肯定，没有一个神经过程的客观描述包括"黄色"或"甜味"的特征，就像对电磁波的客观描述也并不包括这些特征一样。

　　其他感觉亦如此。拿我们刚刚研究过的色觉与听觉做对比就非常有趣。声音通常通过压缩和膨胀的弹性波借助空气传播给我们。它们的波长——或者更准确地说，它们的频率——决定了声音的音高（注意，生理相关性与频率有关，而与波长无关，但在光的情况下，两者实际上互为倒数，因为光在真空和空气中传播的速度没有明显的差异）。我不必告诉你，"可听声"的频率范围与"可见光"的频率范围大为不同，声音的频率范围从每秒 12 或 16 次到每秒 20,000 或 30,000 次，而光的频率范围的数量级为数百万亿。然而，声音的相对频率范围要宽得多，大约有 10 个八度（而"可见光"几乎连一个八度都没有）；此外，音高随着个体的变化而变化，尤其是年龄。随着年龄增长，个体音高的上限会有规律地显著降低。但关于声音最惊人的事实是，几个不同频率的声音混合起来永远不会只产生像可以由中间频率产生的一个中间音高。尽管是同时发生，但在很大程度上，叠加的音高是分开感知的，尤其对相当喜爱音乐的人来说。把许多不同音质和强度的高音（"泛音"）混合在一起，就出现了音色，人们通过音色学习辨认小提琴、号角、教堂钟声、钢琴……甚至是发出的单个音符。但就连噪音也有其音色，我们可以从中推断出正在发生什么；甚至我的狗也很熟悉打开某个铁皮盒子时发出的奇怪声音，因为它偶尔会从里头拿到一块饼干。在所有这一切中，混合声音的频率之比至关重要。如果它们都以相同的比例变化，比如留声机播放唱片时速度太慢或太快，你仍然可以辨别出发生了什么。然而，一些相关的区别取决于某些组成部分的绝对频率。如果包含人声的留声机唱片播放速度过快，元音会发生显著变化，尤其像是"恰"的韵母"a"听起来会像是"切"里的"e"①。声音在连续的频率范围变化听起来总归不太悦耳，无论是按顺序发出的声音还是同时发出的声音，如警报器的鸣笛声或猫的号叫声，两者要同时发声很难实现，除非由很多警笛一起鸣笛或一群猫一起号叫。这与光感的情况完全不同。我们通常感知到的色彩都是由光连续混合产生。在绘画或大自然中，色彩的连续渐变有时能呈现出非比寻常的美。

　　人们可以借助耳朵的机制了解听觉的主要特征。与视网膜的化学特征相比，我们对于耳朵的机制所掌握的知识更明确也更丰富。耳朵的主要器官是耳蜗，它是一种螺旋状的骨管，类似于某种海螺的壳：耳蜗像一个小小的螺旋式楼梯，越往"上"楼梯越窄。旋转楼梯的台阶（继续我们的比喻）上延伸着弹性纤维，形成一层薄膜，薄膜的宽度（或单个纤维的长度）从"底部"到"顶部"逐渐减小。因此，就像竖琴或钢琴的弦一样，不同长度的纤维对不同频率的振动做出机械反应。对于一定的频率，膜的某个特定的小区域（不仅仅是一根纤维）会做出反应；较高的频率则由另一个区域（纤维较短的区域）做出反应。一定频率的机械振动会在这组神经纤维中产生神经冲动，并传导到大脑皮层的某些区域。我们都了解，所有神经冲动的传导过程都是一样的，只是随着刺激的强度而变化；后者影响脉冲的频率，当然，在我们的例子中，不能将其与声音的频率混淆（两者互不相关）。

　　但整个图景并不像我们想的那么简单。如果一个物理学家构造了耳朵，以期为它的所有者获得他实际拥有的相当不错的音高和音色辨

---

① 译者注：原书中用的是 car 里的"a"和"care"里的"a"做的比较。前者音标为 [ɑ:]，后者为 [e]。

别力，那么物理学家就会构造出不同的耳朵来。但也许他还会再构造人类的耳朵。如果耳蜗的每根"弦"只对传入振动的一个明确定义的频率做出反应，那就会比原来的耳朵更简单、更好。但事实并非如此，为什么不是这样呢？因为这些"弦"的振动受到强烈阻尼衰减。毫无疑问，这会扩大弦的共振范围。为此，物理学家可能会用尽可能少的阻尼来构造耳朵，但这会带来可怕的后果，即当声波停止，听到的声音不会立即停止，它会持续一段时间，直到耳蜗中极低阻尼的共振器逐渐减弱。音高的辨别可以通过舍弃后续声音在时间上的区别来实现。但令人困惑的是，人们还不清楚耳朵的实际运行机制到底用了什么最完美的方式来协调两者。

我在这里介绍了一些细节，以便让你明白，无论是物理学家还是生理学家，他们的说明都没有包含任何听觉的特征。任何此类说明都会以这样一句话结尾：这些神经冲动被传导到大脑的某个部分，在那里它们表现为一系列声音。我们可以跟踪空气中的压力变化，因为它们会产生鼓膜的振动，我们可以观察这一振动是如何通过一条小骨链传递到另一个膜上，并最终传递到耳蜗内膜的部分（如前所述，由不同长度的纤维组成）。我们可能由此了解，这种振动的纤维是如何在与其接触的神经纤维中建立起电化学传导过程。我们还可能通过跟踪这种传导一直到大脑皮层，从而对大脑皮层发生的某些事情获得一些客观的认知。但我们在任何地方都找不到这种"表现为声音"的地方，它并不囊括在我们的科学图景中，而只存在于我们所谈论的耳朵和大脑的那个人的意识中。

我们还可以用类似的方式讨论触觉、温感、嗅觉和味觉。后两种，有时被称为化学感觉（嗅觉可以检测气体物质，味觉则适用于判断液体物质），与视觉感觉具有共同点，对于无限多的可能刺激，它们的反应受限于为数不多的感官特性，就味觉来说，主要有：苦、甜、酸、咸及其特殊的混合。我认为，嗅觉比味觉更具多样性，尤其是某些动物的嗅觉要比人类的嗅觉要灵敏得多。在动物界，物理或化学刺激的哪些客观特征能明显改变感觉，似乎存在很大不同。例如，蜜蜂对紫外线敏感，是真正的三色视觉动物（不是二色视觉动物，因为在早期的实验中，它们似乎并没有注意到紫外线）。特别令人感兴趣的是，慕尼黑的冯·弗里希①不久前发现，蜜蜂对偏振光的痕迹特别敏感，这有助于它们以令人费解的复杂方式确定太阳的方向。对人类来说，完全偏振光和普通的非偏振光没什么不同。人们还发现蝙蝠对极高频振动（超声波）非常敏感，远远超过人类听觉的上限，蝙蝠还会自己发出超声波，将其用作一种"雷达"，以避开障碍物。人类的温感表现出"两极相同"②的奇怪特征：如果我们无意间触碰到一个温度极低的物体，我们可能会暂时觉得它很热，甚至有灼伤了自己的手指的感觉。

　　大约在二三十年前，美国的化学家发明了一种白色粉末，对某些人来说无味，但对其他人来说却很苦。这引起了人们极大的兴趣，自此开始了广泛的研究。无论其他条件如何，"尝得出味儿"（特殊白色粉末）的特性是个人固有的。此外，它是根据孟德尔定律以一种与血型特征遗传相似的方式遗传的。就像后者一样，无论"尝得出味儿"或"尝不出味儿"，似乎都没有已知的优势或劣势。我认为这两个"等

---

① 译者注：卡尔·里特尔·冯·弗里施（1886—1982），德国动物学家，行为生态学创始人。
② 译者注：原书中这里用的法语"les extrêmes se touchent"。

位基因"中有一个在杂合体中占主导地位,这就是尝得出味儿的基因。在我看来,偶然发现的这种物质不太可能是独一无二的。很有可能,"尝起来不同"的现象确实相当普遍!

现在,让我们回到光的情况,更深入地探讨光的产生以及物理学家确定其客观特性的方式。我想现在大家都知道光通常是由电子产生的,特别是原子中在原子核周围"做着什么"的电子。电子不是红色的,不是蓝色的,也不是任何其他颜色;对氢原子核的质子来说也是如此。但根据物理学家的说法,氢原子中二者的结合会产生某种波长离散阵列的电磁辐射。当被棱镜或光栅分开时,这种辐射的同质成分通过观察者某些生理过程的媒介,刺激观察者对红、绿、蓝、紫敏感,这些生理过程的一般特征为人熟知,可以断言它们不是红色、绿色或蓝色的,事实上,神经细胞受刺激后并没有显示出颜色;与个体伴随兴奋产生的色觉相比,无论刺激与否,神经细胞所表现出的白色或灰色,无疑是微不足道的。

然而,我们对氢原子辐射和这种辐射的客观物理特性的了解,来自有人从发光的氢蒸气获得的光谱中的某些位置观察到了这些彩色光谱线。这算是获得了第一个认知,但绝不是完整的认知。为获取对颜色的完整认知,需要立即消除人的主观感觉,并值得在这个典型的例子中好好研究一番。颜色本身并不能告诉你光的波长,其实我们之前就已经了解,例如,假如没有分光镜的话,在物理学家看来可能不是单色的光谱线,在我们看来却是黄色的光,实际上它是由许多不同波长的光组成的。分光镜在光谱中的某个特定位置聚集一定波长的光。无论光的源头如何,分光镜同一位置聚集的光总有相同的颜色。即便如此，色觉的特征并没有提供任何直接线索来推断波长这一物理性质，与我们对颜色的辨别能力相对较差无关，但显然这种解释不会让物理学家满意。已知，蓝色的感觉是由长波刺激的，红色的感觉是由短波刺激的，而不是反过来。

　　为了全面了解来自任何光源的光的物理性质，需要使用一种特殊的分光镜。可以通过衍射光栅来分解光源，但棱镜不行，因为你事先不知道不同波长光折射后的角度。对于不同材质的棱镜，它们的折射率不同。实际上，用了棱镜后，你无法事先判断出光波长越短，折射率越大。

　　衍射光栅理论比棱镜理论简单得多。光仅仅是一种波动现象，从这一基本物理假设出发，如果你测量了每英寸光栅的等距沟槽数（通常是数千个），你可以得出给定波长光的准确衍射角，因此，反过来，你可以从"光栅常数"和衍射角推断出波长。在某些情况下（特别是塞曼效应和斯塔克效应①），有些光谱线发生了偏振。人眼对偏振完全不敏感，为了完成这方面的物理说明，需要在分解光束之前，在光束的路径中放置一个偏振器（尼科尔棱镜）；让尼科尔棱镜沿着其轴缓慢旋转，对于棱镜的某些方向，某些光谱线会熄灭或降低到最小亮度，这表明其完全偏振或部分偏振的方向（与光束正交）。

　　一旦开发了这一整项技术，它的应用领域就可以远远超出可见光区域之外。发光蒸气的光谱线绝不局限于肉眼无法区分的可见光区域。这些光谱线形成了理论上无限长的序列。每个序列的波长由一个相对

---

① 译者注：塞曼效应是指原子在外磁场中发光谱线发生分裂且偏振的现象；斯塔克效应指原子或分子在外电场作用下能级和光谱发生分裂的现象。

简单的数学定律连接起来，该定律在整个序列中保持一致，位于可见光区域的序列也同样适用。这些序列定律最初是通过经验发现的，但如今已经在理论上得到了解释。当然，在可见光区域外，必须用照相底板代替眼睛。波长是从纯粹的长度测量中推断出来的：首先，彻底测量光栅常数，即相邻沟槽之间的距离（单位长度沟槽数量的倒数），然后，通过测量照相底板上光谱线的位置，以及仪器的已知尺寸，可以计算出衍射角。

前面提到的这些大家都已经很熟悉，但我想强调具有一般重要性的两点，这两点几乎适用于所有的物理学测量。

我在这里详细阐述的情况通常是这样描述的：随着测量技术的不断完善，观察者逐渐被越来越精密的仪器所取代。在现有例子中，这肯定不正确；观察者并没有逐渐被取代，而是打一开始就被取代了。我试图解释说，观察者对这一现象有趣的印象并没有为了解光的物理性质提供丝毫线索。只有引入刻划光栅和测量特定长度和角度的设备，才能获得我们称之为光的客观物理性质及其物理成分最粗略的定性知识。这是相关的步骤。该设备后来逐渐完善，但本质上始终保持不变，无论改进有多大，从认识论上说都不重要。

第二点是，观察者永远不会被仪器完全取代，因为如果他被取代，就显然无法获得任何知识。他建造了仪器，并且在建造仪器时或之后，仔细测量仪器的尺寸，并检查其移动部件（例如，支撑臂围绕锥形销转动并沿圆形的角度刻度滑动），以确定移动部分是否完全符合预期。诚然，对于其中一些测量和检查，物理学家会依靠生产和交付仪器的工厂，而且尽管中间可能使用了许多巧妙的设备来减轻人工工作，但所有这些信息最终都要回到某个人或某些人的感知。最后，观察者在使用仪器进行研究时，需要在仪器上读取读数，无论是在显微镜下测量的角度或距离的直接读数，还是在照相底板上记录的光谱线之间的读数。许多有用的设备可以简化这项工作，例如，在透明板上进行光度记录，从而生成一个放大的图，在该图上可以轻松读取光谱线的位置。但得有人读取这些信息才行！最终必须介入观察者的感官才行。即便有最仔细的记录，但如果没有人去研究观测，就不会得出任何结论。

所以我们重又回到了这种奇怪的状态。虽然对光波动现象的直接感知并没有告诉我们它的客观物理性质，而且从一开始就必须将感知作为信息来源加以摒弃，但我们最终获得的理论图景完全依赖于各种复杂信息，而这些信息需要通过直接感知获得。感知建立在各类信息之上，是从它们身上拼凑起来的，但并不能说感知的确包含了信息。在使用图景时，我们通常会忘记这些信息，除了我们知道光波动的概念不是想法古怪的人的随意发明，而是基于实验。

当我发现，公元前 5 世纪，伟大的德谟克利特就清楚了解这种状况时，我感到特别惊讶。德谟克利特对前面告诉过你的（我们这个时代使用的最简单的设备）类似的物理测量设备一无所知。

盖伦[1]为我们保存了一个片段，其中德谟克利特介绍了智力与感官就什么是"真实的"进行了辩论。前者说："表面上有颜色，表面上有甜味，表面上有苦味，实际上只有原子和虚无。"对此，感官反驳道："可怜的智力，你希望打败我们，却又从我们这里借用证据？你的胜

---

[1]译者注：克劳迪亚斯·盖伦（129—199），古罗马（罗马帝国时期）著名的医学家，在数学、哲学和逻辑学方面也有造诣。

利就意味着你的失败。"

在本章中，我试图从地位最谦卑的物理学中列举简单的例子，来对比两个一般事实：（a）所有科学知识都基于感知。（b）以这种方式形成的自然过程的科学观仍然缺乏所有感官特性，因此无法解释感官本身。最后，让我做个一般性的评论总结。

科学理论有助于推动我们的观察和实验结果。每个科学家都清楚，在至少形成一些关于事实的原始理论图景之前，要记住一组适度扩展的事实是多么困难。因此，毫不奇怪，在形成合理连贯的理论之后，物理学家没有描述他们发现的或希望传达给读者的基本事实，而是赋予它们理论术语，使之难以理解，但这绝不应归咎于原始论文或教科书的作者。这一过程虽然对我们以有序的模式记忆事实非常有用，但往往会抹去实际观察和由此产生的理论之间的区别。由于前者总是具有某种感官特征，因此人们倾向于认为理论可以解释感官特征。当然，理论从来没能解释。

我的生平简述

在我一生中的大部分时间里，我跟我最好的朋友也是唯一亲近的朋友弗伦策尔（Fränzel），都没有近距离生活过（也许这就是为什么我经常被人指责是在玩弄人的感情，而不是维持真正的友谊）。他研究生物学（确切地说是植物学），而我研究物理学。许多个夜晚，我们会在格鲁克街和斯吕塞尔街之间徜徉，专注于讨论哲学问题。那时我俩还没有意识到，在我们看来原创的观点，其实早在几个世纪之前的思想家们就已经想到了。难道老师们总要忌讳谈论这些话题，是为了避免发生宗教冲突，引起负面的争论吗？这是我反对宗教的主要原因，尽管宗教本身其实从未伤害过我。

不确定是在第一次世界大战之后，还是我在苏黎世（1921–1927）或后来在柏林（1927–1933）度过的那段时间，弗伦策尔和我又一次共度了一个漫长的夜晚。凌晨时分，我们仍在维也纳郊外的一家咖啡馆里促膝长谈。这些年来，他似乎发生了很大的变化。毕竟，我们很少书信往来，信里所述不多。

我之前可能提过，我们还一起读过理查德·西蒙的著作。此外，我没再跟别人一起读过彼此都极感兴趣的作品。理查德·西蒙的观点是基于后天性状的遗传，与当时的生物学家格格不入，所以他被雪藏了。他的名字很快被人遗忘。多年后，我在伯特兰·罗素[①]的一本书《人类的知识？》（*Human Knowledge？*）中再次看到他的名字，作者对这位和蔼可亲的生物学家进行了深入研究，并强调了他记忆理论的重要性。

直到 1956 年，弗伦策尔和我才重逢。这一次，还有其他人在场，我们在维也纳巴斯德街 4 号公寓匆匆会面，因此这短暂的一刻钟似乎不值一提。弗伦策尔和他的妻子住在我们北部边境的附近，似乎没有受到当局的阻碍。然而，离开这个国家变得相当困难。我们再也没有见过面。两年后，他溘然辞世。

如今，我仍然是他两个可爱的侄子和侄女的朋友，这两人是他最亲近的弟弟西尔维奥的孩子。西尔维奥在家排行老幺，在克雷姆斯当医生。1956 年回到奥地利时，我去那里看望过他。那时他肯定已病重，因为不久后便辞世了。弗伦策尔的兄弟 E. 仍健在。他是克拉根福一位受人尊敬的外科医生。有一次，E. 带我爬上了艾因泽尔峰（塞克斯特讷多洛米蒂山脉）[②]，更重要的是，他又带我安全下山。但我两不同的世界观让我们形同陌路，后来也就失去了联系。

①译者注：伯特兰·阿瑟·威廉·罗素（1872—1970），英国哲学家、数学家、逻辑学家、历史学家、文学家，分析哲学的主要创始人。
②译者注：塞克斯特讷多洛米蒂山脉是意大利南蒂罗尔的山脉和自然保护区。

维也纳大学是唯一录取我的学校，在我入学前不久的 1906 年，伟大的路德维希·玻尔兹曼在杜伊诺去世。至今我还记得弗里茨·哈泽内尔[1]向我们描述玻尔兹曼作品时清晰、准确而又热情洋溢的话。玻尔兹曼的学生和继任者于 1907 年秋天在老蒂尔肯街大楼的原报告厅举行了就职演说，没有任何华丽的排场或仪式。老师的介绍给我留下了深刻的印象，对我来说，没有什么物理学观念比玻尔兹曼的更重要——尽管有普朗克和爱因斯坦。顺便说一句，爱因斯坦的早期工作（在 1905 年之前）表明了他对玻尔兹曼的工作有多痴迷。他将玻尔兹曼方程颠倒过来，成为唯一一个在该论点上取得重大进步的人。没有其他人比弗里茨·哈泽内尔对我的影响更大——也许除了我的父亲鲁道夫，他在我们多年的共同生活中，引导我关注许多领域的有趣讨论。稍后我会就此展开。

我在学生时代，就和汉斯·蒂林交上了朋友。事实证明，这是一段持久稳定的友谊。哈泽内尔于 1916 年阵亡后，汉斯·蒂林成为他的继任者。他 70 岁才退休，放弃了留任荣誉教授的特权，将玻尔兹曼的教授职位留给了他的儿子瓦尔特。

1911 年后，当时还是埃克斯纳的助理的我遇到了 K.W.F. 科尔劳施，又开始了另一长段持久的友谊。科尔劳施因实验证明所谓的"施魏德尔波动"而成名。在战争爆发前的一年，我们共同研究了"二次辐射"，这种辐射在不同材料的小平板上以尽可能小的角度产生（混合）伽马射线束。在那些年里，我意识到两点：一是我不适合做实验工作；二是我所处的环境周围和当中的人们很大程度上不再有能力取得实验

—————————

[1] 译者注：弗里茨·哈泽内尔（1874-1915），奥地利物理学家。

进步。造成这种情况的原因有很多，其中之一是，在迷人的老维也纳，都是论资排辈之后再决定谁能当权，明哲保身不犯错误的人才会掌权，从而阻碍进步。要是有人能意识到重要的位置需要留给具有强大心智能力的人就好了，即便这意味着要广纳人才！大气电学理论和放射性理论最初都是在维也纳发展起来的，任何真正致力于自己工作的人都需要遵循这些理论，无论这些理论会流传到哪里。例如，莉泽·迈特[①]就离开了维也纳前往柏林。

回到我自己：回想起来，我还是相当感激，作为预备役军官我在1910 或 1911 年接受了培训，所以被任命为弗里茨·埃克斯纳的助理，而不是哈泽内尔的助理。这意味着我可以和 K.W.F. 科尔劳施一起做实验，使用许多精美的仪器，把它们带到我的房间，尤其是光学仪器，然后尽情地把玩它们。于是，我可以设置干涉仪、欣赏光谱、混合颜色等。由此，我也通过瑞利方程发现自己绿色弱视。此外，我还致力于长期的实践课程，从而让我学会了理解测量的重要性。我希望有更多的理论物理学家能认识到这一点。

1918 年，我们经历了一场革命。卡尔一世退位，奥地利成为共和国。我们的日常生活基本保持不变。然而，帝国的解体影响了我的生活。我接受了一个在切尔诺维茨的理论物理学讲师的职位，并且已经设想将我所有的业余时间都拿来探究更深入的哲学知识，因为我刚刚了解到叔本华，通过他，我开始学习《奥义书》的统一理论。

对我们维也纳人来说，战争及其后果意味着我们无力再满足自己的基本需求。饥饿是获胜的协约国为报复敌人发动的无限制潜艇战而

① 译者注：莉泽·迈特纳（1878—1968），奥地利女性物理学家，第一个提出核裂变的人。

选择的惩罚。这场战争极其残暴，俾斯麦王位的继承人及其追随者在第二次世界大战中只能在数量上胜过对方，而在修为素养上却不可比拟。饥饿席卷全国，除了农场，可怜的妇女被派去索要鸡蛋、黄油和牛奶。就算她们会拿针织服装、漂亮的衬裙去换，但还是会被人嘲笑，被当作乞丐一样对待。

在维也纳，几乎不可能开展社交活动或者招待朋友。根本没什么可吃的，甚至连最简单的菜肴都会留到周日当午餐。在某种程度上，这种社交活动的缺乏可以通过每天去社区厨房得到补偿。Gemeinschaftsküchen 经常被称为 Gemeinheitsküchen（Gemeinschaf 相当于"社区"；Gemeinheit 相当于"卑鄙伎俩"）。我们在那里共进午餐。我们非常感激那些扛起担子巧为无米之炊的女性。毫无疑问，三五十个人一起做这件事要远比三个人容易。此外，减轻别人的负担本身是件大善事儿。

我和父母在那里遇到了不少志趣相投的人，其中一些人，比如拉东一家，他们都是数学家，成了我们全家的好朋友。

我相信在某种程度上，我的父母和我都处于特别不利的境地。那时，我们住在城里的一套大公寓里（实际上是两套公寓合二为一），位于一栋相当值钱的大楼的五楼，这套公寓归我的外祖父所有。公寓里没有电灯，部分原因是我外祖父不想花钱安装，还因为我父亲在灯泡还特别昂贵和不实用的时候，已经完全习惯了煤气灯，他觉得煤气灯挺好用，而且我们也真的认为没有必要安装电灯。我们拆了旧瓷砖炉子，换成了结实的煤气炉，还带着铜反光镜——那时很难找到仆人，我们希望自己能轻松一些。虽说厨房里还有一个硕大的老式烧柴炉，但我们也会拿煤气炉来做饭。一切安好，直到有一天，更上级的主管机构，可能是市议会，颁布了煤气配给的法令。从那天起，无论你把煤气用到什么地方，每家每户每天都只能使用一立方米。如果发现有人超额使用，会直接切断煤气供给。

1919 年的夏天，我们前往克恩顿州的米尔施塔特，父亲 62 岁了，他开始出现衰老的迹象以及他生病的征兆，但当时我们并没有意识到。每次我们出去散步，他都会落在后面，尤其是在路有些陡峭地方，他会假装对植物很好奇以掩饰自己的疲惫。大概从 1902 年起，父亲的主要兴趣点是植物学。在夏季的几个月里，他会收集材料进行研究，不是为了建立自己的植物标本馆，而是为了用显微镜和切片机进行实验。他已然成为一名形态发生学家和系统发育学家，并放弃了对成为意大利伟大画家的追求，也放弃了自己对风景画的艺术兴趣。父亲对我们的哄劝无甚兴趣，"哦，鲁道夫，快点儿"和"薛定谔先生，已经很晚了"，但这也没有让我们惊慌，我们实际上已经习以为常了，所以我们把父亲的这种反应归结为他全神贯注于植物研究。

回到维也纳后，这些迹象变得更加明显，但我们仍然不以为意。他的鼻子和视网膜经常大量出血，最后是腿部积液。我想他早就知道自己将不久于人世。不幸的是，这正是上述煤气灾难发生的时候。我们买了探照灯，他坚持自己照管。一股可怕的恶臭从他美丽的藏书室中蔓延开来，他把藏书室变成了一个碳化实验室。二十年前，当他跟施穆策一起学蚀刻时，他曾用这个房间将他的铜板和锌板浸泡在酸和氯化氢中。那时我还在学校，对他做的事儿颇感兴趣。但现在我却对他放任不管。在战争中服役近四年后，我很高兴又回到我深爱的物理学院。还有，1919 年秋天，我和我现任的妻子订婚了，我俩的婚姻目前已经持续了四十年。我不知道那时我的父亲是否得到了足够的治疗，但我知道我本应该更好地照顾他。我应该请理查德·冯·韦特施泰因向医学院寻求帮助，他毕竟是我父亲的好朋友。更好的建议会减缓他的动脉硬化吗？如果是这样，这对病人有好处吗？1917 年，我们家族在斯蒂芬广场的油布和油毡店因库存不足而倒闭，这以后只有老父亲完全了解家里的财务状况。

1919 年平安夜，父亲在他的旧扶手椅上安然离世。

第二年是通货膨胀相当严重的一年，这意味着老父亲银行账户里微薄的积蓄大幅贬值。但无论如何，这点存款也远不够我父母勉强度日。父亲卖掉波斯地毯换的钱（征得我的同意！）化为乌有；显微镜、切片机和他藏书的大部分都不再值钱。他去世后，我用相当低廉的价格把它们都送了出去。在他生命的最后几个月里，他最大的担忧是，儿子已经 32 岁了，却几乎一文不名——收入只有 1,000 奥地利克朗（税前，我确信他在纳税申报单中列了这个数字，除了战争期间我还是一名军官的时候）。他活着看到儿子唯一的成就是，我得到并接受了一个薪水更高的职位，担任马克斯·维恩[1] 在耶拿的私人讲师和助理。

1920 年 4 月，我和妻子搬到耶拿，让母亲自谋生路。实际上，如今我为这个决定感到惭愧。因为她不得不承担收拾和清理公寓的重任。哦，我们那时候都太欠考虑了吧！外祖父是这套公寓的所有者，在我父亲去世后，他非常担心谁来付房租。我们没有能力付钱，所以母亲不得不为更有钱的租客腾出房间。我未来岳父将这个有钱的、笑容可

---

[1] 译者注：马克斯·卡尔·维尔纳·维恩（1866—1938），德国物理学家。

搁的租客领来了，他是一位犹太商人，供职于生意兴隆的凤凰保险公司。所以母亲只好离开，我不知道她去了哪里。如果我们不是如此考虑不周，应该能想象到——成千上万的类似案例也会证明我们是对的——如果母亲能活得更久的话，这套布置精良的大公寓会成为多么好的资金来源。1921 年秋，她死于脊椎癌，而我们曾以为她在 1917 年已经成功地做了乳腺癌手术。

我很少记起梦境，也很少做噩梦——也许除了我的童年时代以外。然而，在父亲去世后的很长一段时间里，我一直噩梦不断。我梦见父亲还活着，而我已经把他所有精美的仪器和植物学书籍都送走了。我轻率又无可挽回地摧毁了他思想生活的基础，现在他该怎么办？我确信是我的内疚导致了这个梦，因为在 1919 年至 1921 年间，我对父母亲的关心实在太少了。这可能是唯一的解释，因为我通常也不会被噩梦或内疚所困扰。

我的童年和青春期（1887—1910 年左右）主要受父亲的影响，不是以通常的教育方式，而是以一种更普通的方式。这是因为他在家的时间比大多数以工作为生的人多得多，而我也待在家里。我早年的学习是请一位私人教师每周来教我两次。在文法学校，我们仍然有每周学习 25 个小时的神圣传统，但只在每天早上上课（只有两个下午我们得参加新宗教的学习）。

我在这些场合学到了很多东西，尽管结果并不总是与宗教主题有关。关于学校承诺的在校时间规定是一笔巨大的财富。如果学生有兴趣，他就有时间思考，他还可以选修课程以外的其他科目。我只能找到我那时候对老学校（学术中学）的赞誉之词：我在那里很少感到无聊，如果真感到无聊了（我们的哲学预科课程真的很糟糕），我会把注意力转向其他学科，例如法语翻译。

在这一点上，我想再笼统补充一些。发现染色体是遗传的决定性因素后，人们似乎有权去忽略那些司空见惯但同样重要的因素，如沟通、教育和传统。假设这些并不重要，因为从遗传学的角度来看，它们确实不够稳定。然而，也有像卡什帕·豪泽①和一小群塔斯马尼亚"石器时代"的孩子这样的案例，他们最近才被带到英语环境中生活，通过一流的英语教育，他们达到了英国上流社会的教育水平。这难道不能向我们证明，需要染色体密码和文明的人类环境才能造就出我们这样的人吗？换言之，每个人的智力水平都是由"先天"和"后天"培养出来的。因此，学校（不是玛丽亚·特蕾西亚皇后所希望看到的那样）对于人类的指引是无价的，更不用说出于政治目的了。良好的家庭教育背景为学校播种准备土壤相当重要。不幸的是，那些声称只有受教育程度较低的孩子才应该接受高等教育的人（他们的孩子会因为同样的原因被排除在外吗？）以及英国的上流社会都忽略了这一事实。在英国上流社会看来，寄宿学校取代家庭生活是上流社会的行为，早早离家被视为贵族的象征。因此，即便是现任的女王也不得不与她的长子分开，将他送到寄宿学校这类机构。严格来说，这些都不是我关心的问题。只有当我意识到小时候和父亲在一起的时光给我带来了多大的收获，如果他没有陪在我身边，我在学校的收获会是多么微乎其微时，我才突然意识到这一点。其实他知道的远远超过了学校所能提供的，不是因为他早我 30 年前开始学习，而是因为他仍然对学习感兴趣。如

---

① 译者注：卡什帕·豪泽（1812—1833），德国著名的人物、野孩子。

果要在这里详述，我肯定会讲一个很长的故事。

后来，当父亲开始学习植物学，而我如饥似渴地看完了《物种起源》（*The Origin of Species*）时，我们的讨论呈现出不一样的特点，当然不同于学校所传达的内容，因为进化论仍然被禁止出现在生物课上，学校建议宗教教育老师将其称为异端。当然，我很快就成了达尔文主义的狂热追随者（至今仍如此），父亲在朋友们的影响下，敦促我谨慎行事。"自然选择"和"优胜劣汰"与孟德尔定律和德弗里斯突变理论之间的联系尚未完全被发现。即使在今天，我也不知道为什么动物学家总是倾向于相信达尔文，而植物学家似乎更为沉默。然而，有一件事我们所有人都同意——当我说"所有人"时，我尤记得霍夫拉特·安东·汉德利希，他是自然历史博物馆的动物学家，也是我父亲一众朋友中我最了解和最尊崇的那个——我们都一致认为进化论的基础是因果论而非终因论；而且，没有任何特殊的自然定律，如生活力、生命的本源或正生力等，能够在生物体中起作用，以消除或抵消无生命物质的普遍定律。宗教老师不会因为我持有这种观点而感到高兴，因为他并不在意我。

我们家习惯于夏季旅行。这不仅照亮了我的生活，也启发了我的求知欲。我记得在我上初中（Mittelschule①）的前一年去了趟英国，当时我和母亲的亲戚住在拉姆斯盖特。这片绵长宽阔的海滩非常适合骑驴和练习骑自行车。强烈的潮汐变化让我全神贯注。沿着海滩搭着一些带轮子的小澡堂，有个人总牵着他的马在潮起潮落中上下移动这些

---

① 译者注：Mittelschule 是德国教育中的一个术语，相当于初中。后续是 Realschule（实科中学）或 Gymnasium（文理中学），前者与职业高中类似，后者相当于普通高中，前面提到的学术中学属于文理中学。

小屋子。在海面上，我第一次注意到，由于海平面的弯曲，早在远处的船只出现之前，人们就可以辨认出地平线上烟囱里的烟雾。

在利明顿，我在马德拉别墅遇到了我的曾外祖母，她叫罗素。她住的那条街被称为"罗素街"，我确信这条街是以我已故的曾外祖父的名字命名的。我母亲的一位姑姑和她的丈夫艾尔弗雷德·柯克以及六只安哥拉猫也住在那里（后来据说有二十只猫）。除此之外，她还有一只普通的公猫，它经常在夜间落魄哀戚冒险归来，所以人们给它取名托马斯·贝克特（指坎特伯雷大主教，他在国王亨利二世的命令下被杀）——不是说这对当时的我来说意义重大，也不是说这名字相当合适。

我的姨妈米妮是我母亲最小的妹妹，在我五岁时她从利明顿搬到了维也纳，多亏了她，我早在能用德语写字（更不用说英语了）之前就学会了说一口流利的英语。当我终于学会了这种我本以为很熟悉的语言的拼写和阅读时，我大吃一惊。因为我母亲的缘故，我才开始了为期半天的英语练习，但当时我对此不太乐意。我们会一起从魏厄堡走到那些年依然安静美丽的小镇因斯布鲁克，母亲会说："现在我们一路上都要说英语，而不是德语。"我们就是这么做的。直到今天我才意识到，我从中获益匪浅。虽然我被迫离开我出生的国家，但在国外我从未感到陌生过。

我似乎还记得我们在利明顿自行车旅行时游览过凯尼尔沃思和沃里克。在从英国返回因斯布鲁克的途中，我记得探访过布鲁日、科隆、科布伦茨——汽船把我们带到了莱茵河上，——依次经过吕德斯海姆、法兰克福、慕尼黑，然后是因斯布鲁克。我能回忆起理查德·艾特迈尔的那间小寄宿公寓。

　　我从那间寄宿公寓出发第一次去上学，一直走到圣尼古劳斯教堂，我要在那里上私人补习班，因为父母担心我在假期忘记了拼写和算术，会让秋天的入学考试不及格。在后来的几年里，我们几乎总是会去南蒂罗尔或者克恩顿州，有时会在九月份去威尼斯待上几天。那些日子里，我有机会看到的美丽事物数不胜数，但因为汽车、"发展"和新的国界，这些美丽事物已不复存在了。我想，当时（更不用说今天了）鲜有人经历过像我那样快乐的童年和青春期，即便我是独生子。每个人都对我很友好，大家相处起来特别融洽。如果所有的老师，包括家长在内，都能牢记相互理解的必要性就好了！没有它，我们无法对托付给我们的人产生任何持久的影响。

　　也许我该谈谈我在 1906 和 1910 之间的大学时光，因为以后可能没有机会这样做了。我之前提到过哈泽内尔和他精心设计的四年课程（每周五小时！）对我的影响比其他任何事情都大。不幸的是，我错过了大四那年（1910 年或 1911 年），因为实在不能再推迟我的兵役。事实证明，这并不像我预期的那样令人不快，因为我被派往美丽的克拉科夫老城，还在卡林西亚边境（马尔博盖托附近）度过了一个难忘的夏天。除了哈泽内尔的课，我还参加了所有我能参加的其他数学讲座。古斯塔夫·科恩[1]发表了关于射影几何学的演讲。他的风格如此严谨而清晰，给人留下了深刻的印象。科恩会用一年教授纯综合法（不带任何公式），下一年教授分析方法。事实上，没有比这更好的例子来说明公理系统的存在了。通过他，双重性尤其成为一种惊人的现象，在

---

① 译者注：古斯塔夫·科恩（1859—1921），奥地利数学家。

二维和三维几何中有所不同。他还向我们证明了费利克斯·克莱因[1]的群论对数学发展的深远影响。在他看来，四次谐波元素的存在应该被视为二维结构中的公理，而在三维结构中则可以很容易证明。对他来说，这是格德尔伟大定理[2]的最简单例证。我从科恩那里学到了很多东西，以后我再也没有时间去专门学习了。

我参加了耶路撒冷关于斯宾诺莎的讲座，这对了解他的人来说，都是会一次难忘的经历。讲座谈论了很多事情，关于伊壁鸠鲁[3]的"死亡不是人类的敌人"和"无所不知"；伊壁鸠鲁在进行哲学思考时总是牢记这些。

在我大学第一年，我还做了定性化学分析，当然从中受益良多。斯克劳普[4]关于无机化学分析的讲座相当不错。相较之下，我在夏季学期读到的有机化学分析课程就差远了。那些分析课程的深度本可以提高十倍，但它们几乎无助于我对核酸、酶、抗体等等的理解。其实，我只能在直觉的引导下摸索前进的方向，而且这种直觉还卓有成效。

1914 年 7 月 31 日，我的父亲来到我位于玻尔兹曼街的小办公室，并带来我被召入伍的消息。克恩顿州的普雷迪赛特尔是我第一个服役地点。我们去买了两把枪，一把小的，一把大的。幸运的是，我从未被迫对人或动物开枪。1938 年，我在格拉茨的公寓被搜查期间，我把它们交给了一位心地善良的官员，以防万一。

关于战争本身的几句话：我的第一个派驻地普雷迪赛特尔很太平。

---

① 译者注：费利克斯·克莱因（1849—1925），德国数学家。
② 译者注：库尔特·格德尔（1906—1978），美籍奥地利数学家、逻辑学家和哲学家。其最杰出的贡献是格德尔不完全性定理和连续统假设的相容性定理。
③ 译者注：伊壁鸠鲁（前341—前270），古希腊哲学家、无神论者，伊壁鸠鲁学派的创始人。
④ 译者注：兹登科·汉斯·斯克劳普（1850—1910），捷克奥地利化学家。

不过，有一次我们得到了一个错误的警报。指挥官赖因德尔上尉与心腹们商定，一旦意大利军队沿着宽阔的山谷向拉布勒西湖挺进，我们就会收到烟雾信号的警报。碰巧有人在边境不是在烤土豆就是在烧干草。我们被派往两个岗哨站岗，我负责左边的岗哨。我们在那里待了足足十天，才有人记起来把我们叫回去。在那里，我了解到弹性地板（只有一个睡袋和毯子）比实心地板睡起来更舒服。我的另一个观察性质不同，这是我从未遇到过的。一天晚上，值班的警卫把我喊醒，告诉我他看到了许多灯光沿着我们对面的斜坡向上移动，显然正朝着我们的位置前进（顺便说一句，湖头山这边根本没有路）。我从睡袋里出来，穿过连接通道来到岗哨仔细侦查。警卫对灯光的判断是正确的，但那是几码外我们自己的铁丝网顶上的圣艾尔摩之火①，背景的位移只是视差的缘故，因为观察者自己在移动。晚上，当我走出我们宽敞的地下室时，覆盖屋顶的茅草的草尖上就有这些美丽的小火焰。这是我唯一一次遇到这种现象。

在那里度过了很长的空闲时光后，我被派往福尔泰扎，接着是克雷姆斯，然后是科默恩。有一段时间，我不得不去前线服役，先是加入了戈里齐亚的小部队，后来又加入了杜伊诺的小部队，这些部队都配备了奇怪的舰炮。最终部队撤到西斯蒂亚纳，我则被派往普罗塞科附近一个相当无聊但美丽的观察哨，这要比的里雅斯特高900英尺以上，那里有一把更奇怪的枪。我未来的妻子安娜玛丽去那里探望过我。有一次，齐塔皇后的弟弟波旁王子西克斯图斯参观了我们的阵地。他没

① 译者注：圣艾尔摩之火（St. Elmo's Fire）是古代海员观察到的一种自然现象，经常发生于雷雨中，在船只桅杆顶端之类的尖状物上，产生如火焰般的蓝白色闪光。

有穿制服，后来我得知他那时候在比利时军队服役，其实是我们的敌人。因为法国人禁止波旁家族的任何成员参军。他当时的访问意在奥匈帝国和协约国之间达成一项单独的和平协议，这当然算是背叛德国。不幸的是，他的计划一无所获。

我第一次接触爱因斯坦1916年的理论[1]是在普罗塞科。那时候我有大把时间可以支配，但理解起他的理论依然吃力。尽管如此，我当时做的一些旁注，即便到了现在，对我来说仍然显得相当明智。通常，爱因斯坦会以一种不必要的复杂形式提出新的理论，而1945年他提出了所谓的"非对称"酉场论时，情况更甚。但这恐怕不单单是这位伟人的特点，但凡有人提出新想法时可能总会如此。有关上述理论，泡利[2]当时告诉他，没有必要引入复数，因为他的每个张量方程都由对称和绝对对称部分组成。直到1952年，为庆祝路易·德布罗意[3]六十大寿，他与B.考夫曼女士[4]合作出版著作时，他才同意采纳我的简单得多的版本，巧妙舍弃了所谓的"强"版本。这确实是一个极其重要的转变。

战争持续的最后一年，我是以一名"气象学家"的身份先后在维也纳、菲拉赫、维也纳新城度过的，最后再次回到维也纳。这对我来说是一笔巨大的财富，因为前线灾难性的撤退遇到了严重打击，我得以幸免于难。

---

[1] 译者注：1916年3月，爱因斯坦完成总结性论文《广义相对论的基础》。5月，爱因斯坦又提出宇宙空间有限无界的假说。8月，完成《关于辐射的量子理论》，总结量子论的发展，提出受激辐射理论。

[2] 译者注：沃尔夫冈·泡利（1900—1958），美籍奥地利科学家、物理学家。

[3] 译者注：路易·维克多·德布罗意（1892—1987），法国理论物理学家，物质波理论的创立者，量子力学的奠基人之一。

[4] 译者注：布鲁里亚·考夫曼（1918—2010），美籍以色列物理学家。

　　1920 年三四月间，安娜玛丽和我结婚了。不久后，我们搬到了耶拿，在那里搬进了带家具的住所。我被要求在奥尔巴赫教授的系列讲座中加入一些最新的理论物理学研究成果。奥尔巴赫夫妇（他们是犹太人）和我的老板马克斯·维恩及其妻子（他们是传统的反犹太主义者，但没有个人恶意）同我们夫妻成了朋友，待我们相当热情。同他们融洽相处，这对我帮助不小。据我所知，1933 年奥尔巴赫一家为了摆脱希特勒的夺权（Machtergreifung①）带给他们的压迫和屈辱，最后选择了自杀。刚刚失去妻子的年轻物理学家埃伯哈德·布赫瓦尔德，以及埃勒夫妇和他们两个年幼的儿子也是我们在耶拿的朋友。去年夏天（1959年），埃勒夫人过来阿尔卑斯看望我，她已成了一个痛失亲人的可怜女子，她的丈夫和两个儿子为他们并不相信的事业而战斗，并为此丢了性命。

　　按时间顺序来描述人的生平是我能想到的最无聊的事情之一。无论你是在回忆自己生平的事件还是其他人的事件，即便各类事件的历史顺序对当时的你来说十分重要，但除了零星的经验或观察之外，你会发现鲜有什么还值得说道。为此，接下来我会对我生平的各个时期做个简短的总结，以便我以后提及这些的时候可以不必再对照时间表。

　　我与安娜玛丽婚后离开德国，第一个时期（1887—1920）由此告终。我把它称作"我的第一个维也纳岁月"。

　　第二个时期（1920—1927）我称之为"我的第一个漫游岁月"，因为我先后去了耶拿、斯图加特、布雷斯劳，最后到了苏黎世（1921）。

---

① 译者注：这是个德语术语，意思是"夺取权力"，专指 1933 年 1 月 30 日，魏玛共和国将政府权力授予纳粹党。这一天，希特勒宣誓就任德国总理，开始了向纳粹德国（"第三帝国"）政府的转变。

这段时期以我应召前往柏林作为马克斯·普朗克的继任者结束。1925
年在阿罗萨逗留期间，我发现了波动力学，相关论文发表于 1926 年。
因此，我进行了为期两个月的北美巡回演讲，禁酒令成功让这片土地
变得干涸。

第三个时期（1927—1933）是个相当不错的时期。我称之为"我
的教与学岁月"，以 1933 年希特勒夺权上台而告终。在完成那年的夏
季学期时，我已经忙着把我的行李寄到瑞士了。七月底，我离开柏林
前往南蒂罗尔度假。根据《圣日耳曼条约》①，南蒂罗尔变成意大利人
的了，因此我们仍然可以用德国护照前往那里，而奥地利护照则不行。
俾斯麦亲王的伟大继任者成功在奥地利实施了封锁，被称作"千元马
克封锁"②（例如，我的妻子无法在她母亲七十岁生日时过去看望她。
当局没有给予她许可）。暑假结束后，我没有回柏林，而是递交了辞呈，
但如石沉大海，久未回音。他们后来否认收到过这封信，当他们得知
我获得了诺贝尔物理学奖时，更是断然拒绝接受。

第四个时期（1933—1939）我称之为"我的晚年漫游岁月"。早
在 1933 年春天，F.A. 林德曼③（后来的彻韦尔勋爵）就让我去牛津"谋

① 译者注：《圣日耳曼条约》是第一次世界大战后，协约国集团与奥地利共和国于 1919 年
9 月 10 日在圣日耳曼昂莱签署的条约。条约的生效，宣布奥匈帝国正式解散。包含大部分
德语地区的奥地利承认匈牙利、捷克斯洛伐克、波兰和南斯拉夫王国独立；奥地利将卡尼
奥拉和克恩顿州的部分地区以及奥地利滨海区和南蒂罗尔割让给意大利；布科维纳、特兰
西瓦尼亚划归罗马尼亚；奥地利废除普遍征兵制，军队不得超过 3 万人；非经国际联盟行
政院同意，禁止奥、德合并；赔款数额延至 1922 年确定。
② 译者注：1933 年 3 月 15 日巴伐利亚司法部部长被奥地利驱逐后，第三帝国政府于 1933
年 6 月 1 日通过了《德意志帝国宪法》，旨在对奥地利施加经济压力。根据这项法律，每
个德国公民必须支付 1000 德国马克才能获准前往奥地利。由于德国游客的高比例（大约占
奥地利游客总数的 40%），这对奥地利经济的影响相当之大。该千元马克禁令于 1936 年解除。
③ 译者注：弗雷德里克·亚历山大·林德曼（1886—1957），科学家和政治家，是丘吉尔
的科学顾问。

职"。那是他第一次访问柏林,当时我碰巧提及我对当前局势的厌恶。他信守诺言。于是,我和妻子开着专门为此购置的一辆小型宝马轿车上路了。我们离开马尔切西内,途经贝尔加莫、莱科、圣哥达、苏黎世和巴黎,然后到达布鲁塞尔,那里正在举行索尔维大会。我们从布鲁塞尔去了牛津。林德曼没有和我们一起旅行。他已经先行一步采取了必要的措施,让我成为马格达伦学院的一名教授,尽管我的大部分薪水来自帝国化学工业公司(ICI)[1]。

1936 年,当我在爱丁堡大学和格拉茨大学分别获得任命时,我做了一个极其愚蠢的决定,选了后者。选择和结果都是绝无仅有的,不过还算幸运。当然,我在 1938 年也或多或少遭到了纳粹的迫害,但那时我已经接到了去都柏林的电话,德瓦莱拉[2]即将在那里创建高等研究所。如果我 1936 年去了爱丁堡,爱丁堡的 E.T. 惠塔克[3](德瓦莱拉以前的老师)出于对自己大学的忠诚,绝不会允许我接受这个职位。事实上,马克斯·玻恩代替我去了爱丁堡大学任职。都柏林的情况对我来说好了一百倍。不只有爱丁堡的工作会成为我巨大的负担,在整个战争期间,敌国外侨在英国的工作也都是如此。

第二次"逃亡"过程中,我们从格拉茨出发,途径罗马、日内瓦和苏黎世,最后来到牛津。在那里,我们亲爱的朋友怀特黑德一家收留了我们两个月。这一次,我们不得不抛下那辆漂亮的小宝马轿车"格雷林",因为它的速度实在太慢了,而且,我再也没有驾驶执照了。

---

① 译者注: ICI: Imperial Chemical Industries,是英国大型化学工业公司。
② 译者注: 埃蒙·德瓦莱拉(1882—1975),爱尔兰革命者,1918 年成为新芬党主席,1921 年成为爱尔兰国立大学校长,1924 年创立共和党,1937 年使得爱尔兰自由邦与英联邦分离,成为一个主权国家,改名为爱尔兰。二战中保持中立。战后成为共和国总统。
③ 译者注: 埃德蒙·泰勒·惠特克(1873—1956),英格兰数学家,天文学家和哲学家。

都柏林学院还没有"准备就绪",所以,我和妻子、希尔德、露丝于1938年12月前往比利时。我先是在根特大学担任客座教授,举办讲座(用的德语!),这是为"弗兰基基金研讨会"准备的。后来,我们在海边的拉潘待了大概四个月。那是一段美好的时光——尽管有水母。这也是我唯一一次遇到大海的磷光。1939年9月,即第二次世界大战爆发的第一个月,我们经由英国前往都柏林。因为拿着德国护照,我们仍然是英国的敌人,但显然,由于德瓦莱拉的推荐信,我们得以过境。也许林德曼在那次事件中帮忙动用了一些关系,尽管一年前我们有过一次相当不愉快的经历。他毕竟是一个相当正派的人,而且我相信,作为他朋友温斯顿①在物理学方面的顾问,他在战争期间为英国辩护时无疑已经证明了自己的价值。

第五个时期(1939—1956)我称之为"我的长期流亡岁月",但跟这个词看起来的痛苦完全不搭边,因为这是一段美好的时光。否则,我永远不会了解这个遥远而美丽的岛屿。除了这里,在其他任何地方,我们都无法在纳粹战争中免受近乎可耻的待遇而安然无恙度过。无论有没有纳粹,有没有战争,我都无法想象在格拉茨的"踩水"中度过十七年。有时我们会在心里悄悄对自己说:"这是我们欠元首的(Wir danken's unserem Führer)。"

第六个时期(1956—?)我称之为"我的维也纳晚年岁月"。早在1946年,我就再次获得了奥地利的职位。当我把这消息告诉德瓦莱拉时,他急切地建议我不要这样做,并指出中欧政治局势尚未稳定。

---

① 译者注:即温斯顿·伦纳德·斯宾塞·丘吉尔(1874—1965),1940年至1945年和1951年至1955年两度出任英国首相,领导英国人民赢得了第二次世界大战。

他说得没错。尽管他在很多方面对我都很好，但如果我真出了什么事，他不会对我妻子有所照顾。他只能说，他也不知道在同样的情况下，他的妻子会怎么样。所以我在维也纳回复说，我很想回去，但我想等局势恢复正常再说。我告诉他们，因为纳粹，我已经被迫两次中断我的工作，并在别处重新开始，第三次肯定会彻底结束这种动荡。

回首来看，我的决定是正确的。可怜的奥地利被蹂躏，在那些日子里到处充斥着悲惨的故事。我向奥地利当局请愿，要求为我的妻子提供抚恤金作为补偿，虽然他们似乎热心于此，但还是徒劳无功。因为当时的贫困状况太过严重（1960年仍是如此），不可能只给某些人提供补贴而不给其他所有人提供补贴。所以我在都柏林又待了十年，结果证明这对我很有价值。我用英语写了不少短篇作品（由剑桥大学出版社出版），并继续研究"不对称"的一般引力理论，但没有啥成果。最后，沃纳先生在1948年和1949年进行了两次成功的手术，他治好了我双眼的白内障。时机成熟时，奥地利非常慷慨地恢复了我以前的职位。我还获得了维也纳大学的新任命（额外职位），尽管在我这个年纪，我只想要有两年半的任期。这一切都要归功于我的朋友汉斯·蒂林和教育部长德里梅尔博士。与此同时，我的同事罗布拉赫尔成功推动了名誉教授地位的立法，从而也变相地支持了我的事业。

我的编年总结到此为止。我很想在总结的这里或那里添一些不太无聊的想法或细节。但我得时不时克制自己，不要把自己的生活刻画得太圆满，因为我不擅长讲故事。此外，我不得不省略这段叙述中非常重要的一部分，即我与女性关系的部分。首先，它无疑会燃起人们的八卦之心；其次，旁人对此不会感兴趣；最后，我不相信在这件事上有人能够或可能表现得足够坦诚。

　　这份总结是今年年初完成的。现在我很高兴能偶尔拿出来读一读。但我决定不再继续总结下去了，因为这没有什么意义。

埃尔温·薛定谔

1960 年 11 月

波动力学的基本思想

薛定谔获诺贝尔奖演讲，1933 年 11 月 12 日

　　在光学仪器（例如望远镜或照相机镜头）中，光线经过折射面或反射面时会改变方向。为了构建光线的路径，我们可以运用两个简单定律来控制光线方向的变化：斯涅利乌斯的折射定律和阿基米德的反射定律。几百年前，斯涅利乌斯发现了光的折射定律，而阿基米德则在两千多年前就已熟知光的反射定律。让我们通过一个简单的例子来说明，图 1 显示了一条光线 A-B，根据斯涅利乌斯定律，它在两个透镜的四个边界面上分别发生折射。

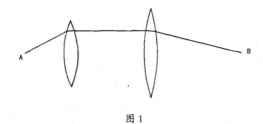

图 1

　　费马从更广义的角度定义了光线的整体路径。在不同的介质中，光的传播速度不同，光线的传播路径会使人感觉光必须以最快速度

到达目的地（顺便提一下，这里允许将光线沿途的任意两点视为起点和终点）。与实际路径的最小偏差意味着延迟。这就是著名的费马原理，一句话，就奇妙地决定了光线的整个命运，而且还包括更普遍的情况，即介质的性质不是在各个表面突然变化，而是从一个地方到另一个地方逐渐变化。光穿越地球大气层就是一个例子。光线从外部穿入大气层越深，在密度越来越大的空气中传播的速度就越慢。虽然传播速度的差异微乎其微，但在这种情况下，费马原理要求光线应向地球方向弯曲（见图 2），这样它在"较快的"高层中停留的时间就会稍长，到达目的地的速度就会比通过较短的直线路径（如图中虚线处所示）更快（图中的虚线；暂时不考虑正方形 www^1w^1）。我想，几乎没有人会不注意到，当太阳靠近地平线时，它看起来不是圆形的，而是扁平的：它的垂直直径看起来缩短了。这正是光线弯曲的结果。

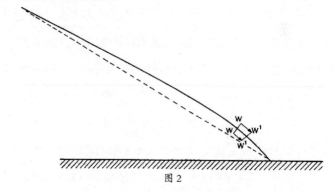

图 2

　　根据波动理论，严格来说，光线在严格意义上只是虚构的概念。它们并不是某些光粒子的物理轨迹，而是一种数学工具，用于描述波面的正交轨迹，也就是假想的引导线，它指向波面的法线方向，而波面则是后者前进的方向（参见图 3，它显示了同心球面波面和相应的直线光线的最简单情况，而图 4 则说明了曲线光线的情况）。令人惊讶的是，费马原理的重要性直接与这些数学导线有关，而与波面无关，因此人们可能会倾向于认为这只是数学上的奇思妙想。然而，事实远非如此。只有从波动理论的角度才能正确理解它，它也就不再是一个神圣的奇迹。

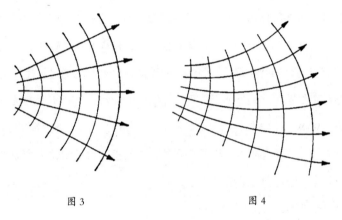

图 3　　　　　　　　　　　　　图 4

从波的角度来看，所谓的光线曲率更容易理解，它是波面的一种摆动，当波面的相邻部分以不同的速度前进时，显然就会出现这种摆动。就像一列士兵在前进时会执行 "向右倾斜" 的命令一样，士兵们迈出的步子长短不一，右侧的步子短，左侧的步子长。例如，在大气中光线折射情况下（图 2），波面 WW 的部分必须向右转向 $W^1 W^1$，因为它的左半部分位于稍高和较薄的空气中，因此比位于较低点的右半部分前进得更快（顺便提一下斯内留斯观点的一个失误之处。水平方向的光线应该保持水平，因为折射率在水平方向上没有变化。事实上，水平方向的光线比其他光线弯曲得更厉害，这是旋转波前理论的明显结果）。

经过详细研究，我们发现费马原理与一个微不足道且显而易见的陈述完全等同，即在光速局部分布的情况下，波前必须以所示方式旋转。我无法在此证明这一点，但我将试图合理化它。我想再次请大家想象一下一队士兵在向前行进。为了保持队伍整齐，他们用一根长杆连接在一起，每个人都紧握着这根长杆。他们没有收到特定的行进方向指令，唯一的命令是让每个人尽可能快地行进或奔跑。由于地面材质在不同地点变化缓慢，士兵们在前进过程中可能会出现一会儿右翼前进较快，一会儿左翼前进较快的情况，导致方向自然发生变化。根据地形的不同，这条弯曲的路径恰恰是在任何时刻都能以最快速度到达目的地的路径，这至少是非常可行的，因为每个人都尽了最大努力。我们还可以看到，转弯也总是发生在地形较差的方向上，所以最后看起来就像是这些人故意"绕过"了一个他们会缓慢前进的地方。

因此，费马原理在波动理论中显得微不足道。因此，当汉密尔顿发现质点在力场中的真实运动（例如行星绕太阳运行或石块在地球引力场中的运动）也受一个非常相似的一般原理支配时，这是一个值得纪念的时刻。虽然汉密尔顿原理并没有确切地说质点选择了最快路径的规则，但它确实暗示了一些非常相似的观点。类比光的最短传播时间原理，两者近乎相同，这使人们面临着一个难题。大自然似乎通过完全不同的方式，两次展现了同一个定律：第一次是在光的情况下，通过相当明显的光线作用；第二次是在质点的情况下，但这个情况看起来并不明显，除非以某种方式把波的性质也归结到质点上。然而，这似乎是不可能做到的，因为当时实验证明的"质点"只是那些大的、可见的，有时甚至是非常大的天体，比如行星，对于它们来说，"波的性质"似乎是不可能的。

在过去，物质的最小基本成分，即我们今天更具体称之为"质点"的概念，只是一个假设。通过 C.T.R. 威尔逊的立体摄影测量法这一杰出方法，能够对这些粒子的轨迹做非常精确的拍摄和测量。测量结果证实了同样的力学定律适用于粒子和大型天体、行星等。然而，我们发现，无论是分子还是单个原子都不能被视为"终极组成部分"，因为原子本身也是一个结构高度复杂的系统。我们脑海里原子结构的图像，与行星系统有某种相似之处。自然而然地，对于那些在大范围内被证明是如此令人满意的运动定律，我们开始尝试将其视为有效。正如我在前面所说的，汉密尔顿的力学最终形成了汉密尔顿原理，也被应用于原子的"内部生命"。与此同时，汉密尔顿原理与费马原理之间存在着非常密切的类比关系，这一点几乎已被遗忘。即使有人记得，也只是认为这是数学理论的一个奇特之处。

现在，要在不进一步详述的情况下，恰当地传达这些经典力学原子图像的成败，是非常困难的。一方面，汉密尔顿原理被证明是最忠实可靠的指南，简直不可或缺；另一方面，为了公正地反映事实，我们不得不忍受全新的、难以理解的假设，即所谓的量子条件和量子假设的粗暴干扰。这在经典力学交响乐中引起强烈的不和谐，但又像在同一件乐器上演奏一样，让人感觉似曾相识。用数学术语来说，我们可以把它表述如下：汉密尔顿原理只是规定给定的积分必须是最小值，而没有规定最小值的数值，现在却要求最小值的数值应限制是普朗克作用量子的整数倍。顺便提一下，当时的情况相当困难。如果旧力学完全失败，情况也不会如此糟糕，因为这样一来，我们就可以自由地发展新的力学体系了。然而，我们却面临着拯救旧体系灵魂的艰巨任务，旧体系的理念显然在这个微观世界中占据着主导地位。同时又要让它接受量子条件，将其视为来自其内在本质的东西，而不是粗暴的干扰。

出路就在于上文已经指出的一种可能，把粒子机械过程本质上所基于的波动运行也归因于汉密尔顿原理，就像人们早已习惯于在与光有关的现象中应用费马原理一样。尽管质点的单个路径失去了其应有的物理意义，像单个孤立的光线一样是虚构的。然而，理论的精髓——最小原理——不仅保持不变，而且只有在波的方面才显示出其真实而简单的意义，这一点已经解释过了。严格地说，新理论其实并不新，它完全是旧理论的有机发展，几乎可以说是对旧理论的更详尽的阐述。

那么，这种新的更"详尽"的阐述是如何导致明显不同的结果的呢？是什么使它在应用于原子时，能够排除旧理论无法解决的困难呢？是什么使它能够使粗暴的干涉变得可以接受，甚至成为它自己的干涉？

同样，可以通过与光学的类比来更好地说明这些问题。事实上，我之前把费马原理称为光波理论的精髓是非常恰当的。然而，它并不能使对波过程本身进行更精确的研究变得可有可无。我们只有详细追踪波的过程，才能理解光的折射和干涉现象，因为重要的不仅

是波的最终目的地，还包括在某一特定时刻它到达那里时是波峰还
是波谷。

在较早的、较粗略的实验安排中，这些现象只是作为小细节出现，
没有被充分观察到。一旦人们注意到了这些现象，并通过波的方式对
它们进行了正确的解释，就很容易设计出这样的实验：在这些实验中，
光的波的性质不仅表现在小细节上，而且在很大程度上影响着整个现
象的特征。

首先，我们拿光学仪器如望远镜和显微镜来举例。它们的目的是
获得清晰的图像，希望从一点发出的所有光线都汇聚到一点，即所谓
的焦点（参见图 5a）。

起初，人们认为这个问题只是几何光学上的困难，而这些困难确
实非常大。但后来，人们发现即使在设计最优秀的仪器时，即使每条
光线都严格遵守费马原理，不受相邻光线影响，光线的聚焦效果仍会
受到很大影响。

从一个点发出的光线被仪器接收后，不再汇聚成单一点，而是分
布在一个小圆形区域，我们称之为衍射盘。

出现衍射现象，是因为并非所有从物点发出的球面波都能被仪器
容纳。透镜边缘和孔径只是切掉了波面的一部分（参见图 5b），而且
如果您允许我使用一种更形象的表达方式：受伤的边缘不愿意被强制
统一在一个点上，从而导致图像模糊。模糊程度与光的波长密切相关，
受限于这种固定的理论，模糊是完全不可避免的。起初几乎没有人注
意到这一点，但它制约并限制了现代显微镜的性能，因为现代显微镜
已经掌握了所有其他的复制误差。对于比光波波长稍长甚至更细的结

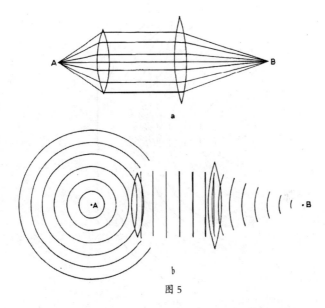

图 5

接下来，我们来看一个更简单的例子：一个不透明物体的影子被一个小小的点状光源投射到屏幕上。为了构建阴影的形状，必须追踪每条光线，并确定不透明物体是否阻止光线到达屏幕。阴影的边缘是由那些刚好擦过物体边缘的光线形成的。经验表明，即使是点状光源和轮廓分明的投影物体，阴影边缘也不是绝对清晰的。原因与第一个例子相同：波前被物体一分为二（参见图 6），导致阴影边缘模糊不清。如果每条光线都是独立的实体，彼此独立前进，不受相邻光线的影响，那么阴影边缘模糊的现象是无法解释的。

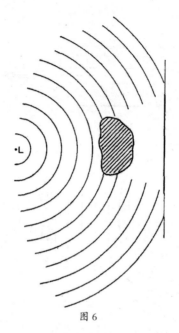

图 6

这种现象也称为衍射，通常在大物体上不太明显。但是，如果投射阴影的物体非常小，至少在一个维度上非常小，那么衍射现象首先表现为根本不会形成适当的阴影，其次更引人注目的是，小物体本身就像它自己的光源一样，向各个方向辐射光线（当然，相对于初始光线而言，更倾向于小角度辐射）。我们都很熟悉暗室中的"微尘"现象，比如山顶上背对太阳的细草叶和蜘蛛网，或者背对太阳站立的人的一绺飘逸的头发，常常会因衍射光而神秘地亮起来。烟雾的可见度也是同样原理。

其实，衍射光并非来自人体本身，而是来自其周围，在这一区域，衍射光会对入射波峰产生相当大的干扰。有趣的是，无论干扰粒子有多小，在任何方向上，干扰区域总是至少有一个或几个波长的范围，这一点对接下来的内容非常重要。这里，我们再次观察到衍射现象与波长之间的密切关系。

这一点也许可以通过另一种波过程（即声音）得到最好的说明。由于声音的波长要大得多，达到厘米或米的数量级，"阴影"的形成在声音的情况下就会减弱，衍射现象则会更加重要：即使我们看不到一个在高墙后面或坚固房屋的拐角处的人，我们仍然可以很容易地听到他发出的叫声。

让我们从光学回到力学，充分探索这种类比。在光学中，旧的力学体系相当于只在抽象上操作相互独立的光线。新的力学则对应于光的波动理论。从旧观点转向新观点，好处是可以容纳衍射现象，或者更准确地说，我们得到了与光的衍射现象严格类似的结果。总体而言，这一点在旧力学观点下是非常不重要的，否则人们也不会如此长期对旧的力学观点不满。然而，我们不难推测，如果整个机械系统规模与"物质波"的波长相当，而"物质波"在机械过程中所起的作用与光波在光学过程中所起的作用相同，那么，被忽视的现象在某些情况下可能会非常显著，并将完全支配机械过程，旧体系这时将面临无法解决的谜题。

这就是在原子等微小系统中，旧观点注定要失败的原因。旧观点虽然对粗略的机械过程来说仍然是一个可用的近似值，但对一个或几个波长数量级的微妙相互作用来说，旧观点已不再合适。令人震惊的是，我们观察到的所有这些奇怪的附加要求，都是自动发展自新观点，而旧观点却不得不强迫这些新观点适应原子的内部生活，并为观察到的事实提供一些解释。

　　因此，整个问题的关键在于，原子的直径和假想物质波的波长大致处于同一数量级。现在，你一定会问，我们在不断分析物质结构的过程中，是否会偶然地发现波长的数量级，并且这是否可以在某种程度上得到解释。此外，你可能会问，既然物质波是这一理论的全新要求，在其他任何地方都是未知的，我们怎么会知道是这样呢？还是说，这只是一个假设？

　　数量级之间的一致并非偶然，也不需要任何特别的假设，它是从理论中自动得出的一个显著结论。由于原子核比原子小得多，因此在下面的论证中可以把它看作是一个点的吸引中心，这一点可以从卢瑟福和查德威克所做的 α 射线散射实验中得到证实。为了替代电子，我们引入假想的波，由于我们对它们还一无所知，所以波长完全没有确定。因此，我们用字母 a 来表示一个未知数字。这种计算中，我们已经习以为常，这并不妨碍我们计算出原子核在这些波中一定会产生衍射现象，就像微小的尘埃粒子在光波中产生的衍射现象一样。同样，原子核自身所包围的干涉区域的范围与波长之间也存在着密切的关系，而且两者的数量级相同。

　　我们不得不暂时搁置这个问题，但最重要的一步已经迈出：我们将干涉区域、衍射光环与原子联系起来。我们断言，原子实际上只是电子波的衍射现象，是原子核捕捉到的电子波。原子的大小和波长的数量级相同并非偶然，而是必然。我们知道这两者的数值，因为我们的计算中还有一个未知的常数 a。

　　首先，我们可以通过选择 a 的方式使原子的生命表现，尤其是发射的谱线，能够得到正确的定量描述，因为这些都可以非常精确地测量出来。其次，我们可以通过选择 a 的方式使衍射光环与原子所需的大小相符。这两个关于 a 的判定（其中第二个判定要精确得多，因为"原子大小"并不是一个明确定义的术语）是完全一致的。第三，也是最后一点，从物理上讲，剩下的未知常数实际上并不具有长度的维度，而是具有作用的维度，即能量 × 时间。因此，用普朗克的通用量子作用数值来代替它是显而易见的，而普朗克的通用量子作用数值是通过热辐射定律精确得知的。我们将看到，我们又回到了第一个（最准确的）确定值，现在已经相当精确了。因此，从数量上讲，该理论只需最少的新假设。它只包含一个可用的常数，必须给它一个老量子理论中熟悉的数值，首先要给衍射光环赋予合适的大小，以便将它们与原子合理地识别开来，其次要定量地、正确地评估原子生命的所有表现形式、原子辐射的光、电离能等。

我试图以最简单的形式向你们介绍物质波理论的基本思想。现在我必须承认，为了避免从一开始就把思想纠缠在一起，我是画蛇添足了。这并不是指所有充分、仔细得出的结论都得到了经验的高度证实，而是指得出结论在概念上是容易和简单的。这里的困难不是数学上的，因为数学上的困难最终总会被证明是微不足道的，我指的是概念上的困难。当然，我们可以很轻松地说，我们从弯曲路径的概念转向了法线波面系统。然而，即使我们只考虑波面的一小部分（见图 7），这些波面也至少包括一条狭长的可能的弯曲路径，它们与所有这些路径的关系是相同的。根据旧的观点，而不是新的观点，在每一个具体的个案中，其中都有一条路径是"真正走过的"，与其他所有"唯一可能的"区别开来。在这里，我们面临着"非此即彼（点力学）"与 "既是又是（波动力学）"之间的逻辑对立。

非此即彼（点力学）与既是又是（波动力学）

图 7

　　旧系统被完全废除，新系统取而代之，似乎并不重要。遗憾的是，情况并非如此。从波动力学的角度来看，无数可能的点路径只是虚构的，没有任何一条路径比其他路径更有特权，能成为在个别情况下真正走过的路径。在某些情况下，我们还真的观察到了这样的单个粒子路径。但波动理论要么完全无法表示这一点，要么只能非常不完美地表示。我们发现，将所见轨迹解释为波表面在其中建立交叉连接的狭窄束是非常困难的。然而，这些交叉连接对于理解衍射和干涉现象是必要的，这些现象可以在同一粒子上以同样的可信度进行验证——而且是在很大的范围内，而不仅仅是我们前面提到的关于原子内部的理论观点的结果。

　　当然，条件是我们总能在每个具体的个案中做到不因两个不同的方面而对某些实验的结果产生不同的预期。然而，我们无法使用"真实"或"唯一可能"这样古老、熟悉和似乎不可或缺的形容词；我们永远无法说出什么是真实的，什么是真正发生的，我们只能说在任何具体情况下会观察到什么。我们是否必须永远满足于此？原则上是的。从原则上讲，精确科学的最终目标只能是描述真正可以观察到的东西，这一假设并无新意。问题只是从现在起，我们是否必须避免把描述与关于世界真实本质的明确假设联系起来。即使在今天，仍有许多人希望宣布放弃这种做法。但我认为，这意味着把事情弄得太简单了。

　　我想把我们目前的知识状况定义如下：射线或粒子轨迹对应于传播过程的纵向关系（即传播方向），而波面则对应于横向关系（即波面的常态）。毫无疑问，这两种关系都是真实存在的。一种是通过拍摄粒子路径证明的，另一种是通过干涉实验证明的。迄今为止，要在一个统一的系统中把这两种关系结合起来是不可能的。只有在极端情况下，横向的壳形关系或径向的纵向关系才会占主导地位，以至于我们认为可以只用波理论或只用粒子理论来解释。